装配式钢结构建筑体系与BIM技术应用

徐朋静　主　编

赣州建工集团有限公司
江西中煤建设集团有限公司　组织编写

U0286091

中国建筑工业出版社

图书在版编目（CIP）数据

装配式钢结构建筑体系与 BIM 技术应用/徐朋静主编；
赣州建工集团有限公司，江西中煤建设集团有限公司组织
编写. -- 北京：中国建筑工业出版社，2024. 7.
ISBN 978-7-112-30107-2

Ⅰ. TU391.04-39

中国国家版本馆 CIP 数据核字第 2024M1K094 号

　　本书从装配式钢结构建筑体系和 BIM 技术角度出发，系统地介绍了装配式钢框架结构体系、装配式钢框架—中心支撑结构体系、装配式钢框架—偏心支撑结构体系和装配式模块化钢结构体系，并基于 BIM 技术介绍了装配式钢结构建筑增量成本及效益评价、全生命周期碳排放测算和绿色性能分析与优化。

　　本书内容丰富、结构严谨，既重视装配式钢结构建筑的结构体系，又反映了装配式钢结构建筑的成本、全生命周期管理和绿色性能，具有较强的实用性。本书可作为装配式钢结构建筑研究人员的参考书和培训资料。

责任编辑：徐仲莉　王砾瑶
责任校对：赵　力

装配式钢结构建筑体系与 BIM 技术应用

徐朋静　主　　编
赣州建工集团有限公司
江西中煤建设集团有限公司　组织编写

*

中国建筑工业出版社出版、发行（北京海淀三里河路 9 号）
各地新华书店、建筑书店经销
北京建筑工业印刷有限公司制版
建工社（河北）印刷有限公司印刷

*

开本：787 毫米×960 毫米　1/16　印张：$13\frac{1}{4}$　字数：221 千字
2024 年 8 月第一版　　2024 年 8 月第一次印刷
定价：**58.00** 元
ISBN 978-7-112-30107-2
（43180）

前　言

随着可持续发展理念的深化，以及"碳达峰""碳中和"目标的提出，国家开始推行低碳经济。在上述背景下，发展装配式建筑和设备替代是必要选择。装配式钢结构作为正在兴起的装配式建筑，大多数部件均可在工厂加工，同时易拆除，部分产品和材料可循环利用，是绿色建筑的重要代表之一。另外，BIM 技术具有优化性、可视化、模拟性、协调性的特点，可提高装配式钢结构建筑的工程管理水平，有助于加强钢结构施工方案设计质量，并有利于工程造价成本的调控。

赣州建工集团有限公司积极响应国家号召，组成攻关团队，系统地开展装配式钢结构建筑体系与 BIM 技术等研究。本书主要内容包括装配式钢框架、装配式钢框架—中心支撑结构、装配式钢框架—偏心支撑结构、装配式模块化钢结构、装配式钢结构建筑增量成本及效益评价、装配式钢结构建筑全生命周期碳排放测算，以及装配式钢结构建筑绿色性能分析与优化。

本书由徐朋静主编，钟瑾和兰光明参与编写，全书由徐朋静把控编写思路和质量，以及负责全书的协调、汇集编排、审核及校对等工作。本书共 8 章，具体编写分工如下：第 1 章由徐朋静编写；第 2 章由徐朋静编写、第 3 章由钟瑾编著、第 4 章由钟瑾编写；第 5 章由徐朋静、钟瑾编写；第 6 章由徐朋静、兰光明编写；第 7 章由兰光明编写；第 8 章由兰光明编写。

在编写过程中，编写人员参考或引用了已公开出版、网络和其他资料，其所有权仍属于原作者，在此一并表示感谢。由于编者水平所限，对书中出现的疏漏和不足之处，恳请广大读者和专家给予批评、指正。

目　　录

第1章 绪　　论

1.1 装配式钢结构建筑的背景及意义

随着人口老龄化，劳动密集型的建筑业面临的用工难问题日益凸显。2017年至今，建筑业从业人数已连续回落。另外，随着可持续发展理念的深化，以及"碳达峰""碳中和"目标的提出，我国开始推行低碳经济。在上述背景下，发展装配式建筑和设备替代是必然的选择。近年来，党中央国务院、住房和城乡建设部及各省级人民政府等相继出台了政策指导文件和技术标准等，有效地促进了装配式建筑的发展。2016年9月27日，《国务院办公厅关于大力发展装配式建筑的指导意见》中指出，发展装配式建筑是建造方式的重大变革，是推进供给侧结构性改革和新型城镇化发展的重要举措，有利于节约资源能源、减少施工污染、提升劳动生产效率和质量安全水平，有利于促进建筑业与信息化工业化深度融合、培育新产业新动能、推动化解过剩产能。

2015～2021年，全国新开工装配式建筑面积年均复合增长率为47%。2021年，全国新建装配式建筑面积渗透率已达24.5%。装配式钢结构建筑以环保、节能、施工速度快著称，因此我国大力推广装配式钢结构建筑。发展装配式钢结构建筑，应加强装配式墙板部品的研发与应用，并充分发挥其建造质量和施工工期的优势。近几年，装配式钢结构建筑呈现蓬勃发展态势，我国装配式钢结构建筑应用率不断提升。2016～2021年，钢结构行业产量年均复合增长率为12%，随着终端下游景气度有所波动，整体钢结构产量增速下降，2022年我国整体钢结构产量达10445万吨，装配式钢结构面积35500万平方米。

装配式钢结构作为正在兴起的装配式建筑，与预制混凝土结构的区别在于其主要承重构件全部采用钢材制作，由型钢和钢板等制成的钢梁、钢柱、钢桁架等构件组成，各部件之间通常在现场采用焊缝、螺栓或铆钉连接。目前钢结构建筑大多数部件均可在工厂加工，同时易拆除，部分产品和材料可循环利用，且可以覆盖绝大多数现场作业方式对应的下游，是绿色建筑的重要代表之一，在环保和绿色政策推动背景下，我国装配式钢结构规模快速增长，2022 年我国装配式钢结构市场规模较 2021 年增长 10.8% 左右。

建筑信息模型（Building Information Modeling，BIM）是一种应用于工程设计建造管理的数据化工具。BIM 技术通过创建信息模型实现对建筑项目全生命周期管理的新理念，受到全球建设领域的广泛关注与重视。这种技术以三维数字技术为基础，结合建筑工程项目各种信息的工程数据模型，可以进行工程信息的创建和管理，是项目工程中的数据共享平台。BIM 技术的应用能够将整个装配式钢结构的施工过程以及工程进度通过数据形式进行 3D 转变，并且可以直观地呈现出来，施工人员可以通过生成的 3D 数据模型，制定整个装配式工程施工规划，完善工程中的施工过程，并有效提高施工质量与效率。

BIM 技术具有优化性、可视化、模拟性、协调性的特点，且可以在装配式钢结构施工中发挥重要的作用，提高装配式建筑工程管理水平，有助于加强钢结构施工方案设计质量，并合理进行工程造价成本的调控。BIM 技术在装配式钢结构施工中的应用主要体现在前期设计阶段、生产加工阶段、施工安装阶段以及运维作业阶段，包括钢结构成本、全生命周期碳排放量计算和建筑绿色性能分析与优化等内容。加强 BIM 技术的应用，可以有效进行质量控制，规范设计、生产、加工和安装环节，确保顺利施工以及验收合格，促进装配式钢结构建筑的可持续发展。

1.2 装配式钢结构建筑的基本特征与产业政策

1.2.1 装配式钢结构建筑的特征与技术要点

1. 基本特征

装配式建筑主要是由主体结构、外围护系统和内装与设备管线等组成，如图 1-1 所示。主体结构类型主要有装配式混凝土结构、装配式钢结构、现代木结构、组合结构和其他结构。外围护系统包括外挂式围护系统、内嵌式围护系统、幕墙系统、屋面系统和其他围护系统。内装与设备管线包括整体部品、设备设施、管线集成和内墙地面吊顶。其中，装配式钢结构建筑具备以下特点：

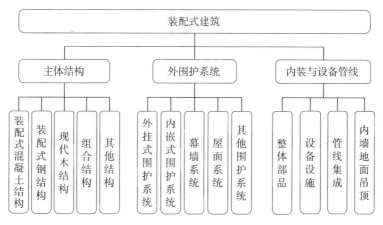

图 1-1 装配式建筑的基本组成

（1）施工精度高

钢结构构件是由各种型材组成，制作简便、工业化程度高、加工精度高；现场装配采用螺栓或焊接连接，能确保施工精度。外挂式围护系统和内嵌式围护系统可与主体结构简单、有效地安装，装饰装修也较为方便。钢结构的加工制造、建造质量容易保证，且具有污染小和材料可回收等特点。

（2）施工速度快

钢结构构件均为工厂化生产，现场装配，一般每层工期为 2～3 天，施工速度很快；外围护墙和内隔墙采用工厂生产的一体化墙板，运到现场进行装配，不仅能够保证外围护墙和内隔墙的质量，而且能大大缩短施工周期。

（3）抗震性能好

钢结构建筑相对于传统的混凝土建筑重量轻，再加上钢结构延性好、塑形变形能力强，因此，钢结构建筑在大地震下的安全可靠性大大提高，尤其适用于高烈度区幼儿园、学校、医院重点设防类建筑。

（4）节能环保

由于钢结构的建筑构件均是在工厂里加工生产，现场只需进行机械化装配施工，所以施工现场降低了对混凝土的利用，大大减少了废气、废水、废料的排放。由于钢材属于建筑绿色材料，拆除重建过程可回收再利用。全程装配施工，降低了施工占地空间，并减少了建筑垃圾的排放。

（5）综合成本低

目前建筑钢材价格大幅下降，设计、生产、施工实现全工业化流程。从材料、人工及施工周期等多方面考量，综合成本已与传统混凝土结构非常靠近，但钢结构在工业化生产、节能环保、材料重复利用率、空间利用等方面仍有优势。因此，从建筑全生命周期考虑，钢结构的综合成本低于传统的混凝土结构。

2. 技术要点

装配式钢结构建筑以标准化设计、工厂化生产、装配化施工、一体化装修、信息化管理和智能化应用为六大典型特征。

（1）标准化设计

标准化设计是指在设计过程中建筑体系和构件部品采用标准化的设计方案。标准化是实施生产自动化和部品产品化的基础；模数化是建筑标准化设计的重要内容，可提高建筑部品部件的通用性。建筑设计与结构设计的标准化、模数化可降低装配式钢结构体系的成本，缩短建造时间，提高效率和构件部品的质量。

（2）工厂化生产

采用工业化实现生产作业的转换，形成标准化、系列化的预制构件部品，完成预制构件部品精细化制造。构件部品的通用性，有助于减少库存和浪费，提高建筑行业的整体效率。

（3）装配化施工

在工厂内制作完成的预制部品部件运至现场进行装配，在保证结构安全性和工程项目经济性的前提下尽量减少现场湿作用。采用机械化的施工形式，可保证施工过程中的"四节一环保"，提高建筑产品质量。

（4）一体化装修

装配式钢结构建筑室内外装修工程采用工业化生产方式、装配化施工方式，与结构主体、机电管线一体化建造。

（5）信息化管理

采用 BIM 技术贯穿装配式钢结构建筑的设计、深化设计、构件生产、构件运输、装配式施工和管理等全生命周期，提高产业化住宅建设过程的整体管理水平，并在工程建造时实现协同设计、协同生产和协同装配。

（6）智能化应用

将智能化、智慧化技术与装配式钢结构建筑全生命周期紧密结合，提高装配式建筑全过程的设计、生产、施工、运维的管理水平。

1.2.2 装配式钢结构建筑的产业政策

1. 装配式钢结构行业相关政策

我国建筑业正处在向着绿色建筑和建筑产业现代化发展转型的全面提升过程，而钢结构在我国绿色建筑的产业现代化提速进程中，具有资源可回收利用、更加生态环保、施工周期短、抗震性能好等众多优势，更符合新形势下绿色建筑要求的装配式钢结构建筑，借着国家大力推广装配式钢结构建筑的政策东风，必将迎来新的发展契机以及更广阔的市场空间。近年来，国务院、住房和城乡建设部及工业和信息化部等有关钢结构行业的相关政策主要包括：

（1）2013 年 10 月，《国务院关于化解产能严重过剩矛盾的指导意见》中，提出推广钢结构在建设领域的应用，提高公共建筑和政府投资建设领域钢结构使用比例。

（2）2014 年 3 月，中共中央、国务院印发的《国家新型城镇化规划（2014—2020 年）》中指出，城镇绿色新增建筑比例要从 2012 年的 2% 提高到 2020 年的50%，同时 2015 年 1 月 1 日将正式实施新的《绿色建筑评价标准》。

（3）2016 年 2 月，《国务院关于钢铁行业化解过剩产能实现脱困发展的意见》中指出，推广应用钢结构建筑，结合棚户区改造、危房改造和抗震安居工程实施，开展钢结构建筑推广应用试点，大幅提高钢结构应用比例。

（4）2016 年 9 月，《国务院办公厅关于大力发展装配式建筑的指导意见》中指出，因地制宜发展装配式钢结构、混凝土结构和现代木结构等装配式建筑。力争用 10 年左右的时间，使装配式建筑占新建建筑面积的比例达到 30%。

（5）2016 年 10 月，工业和信息化部印发的《钢铁工业调整升级规划（2016—2020 年）》中指出，到 2020 年钢结构用钢占建筑用钢比例不低于 25%。

（6）2016 年 12 月，《国务院关于印发"十三五"节能减排综合工作方案

的通知》中指出，编制绿色建筑建设标准，开展绿色生态城区建设示范，到
2020 年，城镇绿色建筑面积占新建建筑面积比例提高到 50%。实施绿色建筑
全产业链发展计划，推行绿色施工方式，推广节能绿色建材、装配式和钢结构
建筑。

（7）2017 年 2 月，《国务院办公厅关于促进建筑业持续健康发展的意见》
中指出，坚持标准化设计、工厂化生产、装配式施工、一体化装修、信息化管
理、智能化应用，推动建造方式创新，大力发展装配式混凝土和钢结构建筑，在
具有条件的地方倡导发展现代木结构建筑，不断提高装配式建筑在新建建筑中的
比例。

（8）2017 年 3 月，住房和城乡建设部印发的《建筑节能与绿色建筑发展"十
三五"规划》中指出，实施建筑全产业链绿色供给行动，积极发展钢结构、现
代木结构等建筑结构体系。到 2020 年，城镇新建建筑中绿色建材应用比例超过
40%；城镇装配式建筑占新建建筑比例超过 15%。

（9）2017 年 3 月，住房和城乡建设部印发的《"十三五"装配式建筑行动方
案》中指出，需加大研发力度，突破钢结构建筑在围护体系、材料性能、连接工
艺等方面的技术瓶颈；建立装配式建筑部品部件库，编制装配式混凝土建筑、钢
结构建筑、木结构建筑、装配化装修的标准化部品部件目录，促进部品部件社会
化生产。

（10）2017 年 4 月，住房和城乡建设部印发的《建筑业发展"十三五"规划》
中指出，建设装配式建筑产业基地，推动装配式钢结构、装配式混凝土结构和现
代木结构发展；大力发展钢结构建筑，引导新建公共建筑优先采用钢结构，积极
稳妥推广钢结构住宅。

（11）2019 年 3 月，《关于印发住房和城乡建设部建筑市场监管司 2019 年工
作要点的通知》中指出，开展钢结构装配式住宅试点。在试点地区保障性住房、
装配式住宅建设和农村危房改造、易地扶贫搬迁中，明确一定比例的工程项目采
用钢结构装配式建造方式，跟踪试点项目推进情况，完善相关配套政策，推动建
立成熟的钢结构装配式住宅建设体系。

（12）2020 年 5 月，《住房和城乡建设部关于推进建筑垃圾减量化的指导意见》
中指出，实施新型建造方式。大力发展装配式建筑，积极推广钢结构装配式住

宅，推行工厂化预制、装配式、信息化管理的建造模式。鼓励创新设计、施工技术与装备，优先选用绿色建材，实行全装修交付，减少施工现场建筑垃圾的产生。

（13）2021年10月，中国钢结构协会印发的《钢结构行业"十四五"规划及2035年远景目标》中指出，到2025年底，全国钢结构用量达到1.4亿吨左右，占全国粗钢产量的15%以上。到2035年，我国钢结构建筑应用达到中等发达国家水平，钢结构用量达到每年2.0亿吨以上，占粗钢产量的25%以上，钢结构建筑占新建建筑面积比例达到40%以上，基本实现钢结构智能建造。

（14）2022年1月，住房和城乡建设部印发的《"十四五"建筑业发展规划》中指出，"十四五"期间装配式建筑占新建建筑比例达到30%以上，打造一批建筑产业互联网平台，形成一批建筑机器人标志性产品，培育一批智能建造和装配式建筑产业基地。

（15）2022年5月，中共中央办公厅、国务院办公厅印发的《乡村建设行动实施方案》中指出，因地制宜推广装配式钢结构、木竹结构等安全可靠的新型建造方式。

2. 装配式钢结构住宅的相关政策

2019年，《关于印发住房和城乡建设部建筑市场监管司2019年工作要点的通知》中要求开展钢结构装配式住宅试点工作。2019年7月，住房和城乡建设部陆续批复了山东、浙江、河南、江西、湖南、四川、宁夏七省（自治区）的试点方案，以推动建立成熟的钢结构装配式住宅建设体系。

（1）浙江省

到2020年，全省累计建成钢结构装配式住宅500万平方米以上，占新建装配式住宅面积的比例力争达到12%以上，打造10个以上钢结构装配式住宅示范工程，其中试点地区累计建成钢结构装配式住宅300万平方米以上。到2022年，全省累计建成钢结构装配式住宅800万平方米以上，其中农村钢结构装配式住宅50万平方米。探索建设轻钢结构农房示范村1~2个。

（2）山东省

到2020年，初步建立符合山东省实际的钢结构装配式住宅技术标准体系、质量安全监管体系，形成完善的钢结构装配式住宅产业链条。到2021年，全省新建钢结构装配式住宅 300 万平方米以上，其中重点推广地区新建钢结构装配式住宅 200 万平方米以上，基本形成鲁西南、鲁中和胶东地区钢结构建筑产业集群。

（3）湖南省

建立切合湖南省实际的钢结构装配式住宅成熟的技术标准体系，培育 5 家以上大型钢结构装配式住宅工程总承包企业。解决困扰钢结构装配式住宅的"三板"配套、产品功能、系统集成、成本过高和质量品质不优等突出问题，为规模化推广应用树立标杆，积累经验，形成湖南省绿色钢结构装配式建筑产业集群。

（4）四川省

到 2022 年，全省培育 6～8 家年产能 8 万～10 万吨的钢结构骨干企业，培育 2～3 个钢结构产业，培育 10 家以上钢结构装配式住宅建设的新型墙材和装配式装修材料企业。新开工钢结构装配式住宅 500 万平方米以上。

1）发挥应用类产业基地带动作用。应用类产业基地每年新开工示范项目不少于 1 项，以示范项目为依托，加大研发资金投入，年度研发资金投入达到营业收入的 1%。在整合研发、部品部件制造、配套产品生产等相关能力基础上，形成 1～2 项钢结构装配式住宅技术体系和不少于 5 项施工工法。

2）发挥研发类产业基地技术引领作用。围绕钢结构装配式住宅关键技术研发、标准制定、产品标准化等方面开展技术攻关，形成适合钢结构装配式住宅发展的技术体系。鼓励企业、高校、研发机构共同组建研发中心，支持研发中心申报国家级、省级工程技术中心。

3）引导制造类产业基地开发适合钢结构装配式住宅应用的产品体系，重点开发主体结构、外墙、内墙及装配式装修等产品体系，形成系统性强、相互配套的标准化产品体系。制造类产业基地年度研发资金投入达到营业收入的 1%，每年新开发钢结构装配式住宅专用产品不少于 3 项。

（5）江西省

到 2020 年底，全省培育 10 家以上年产值超 10 亿元的钢结构骨干企业，开工建设 20 个以上钢结构装配式住宅示范工程，逐步形成钢结构装配式住宅建设的成熟体系，推动钢结构生产、设计、施工、安装全产业链发展。到 2022 年，全省新开工钢结构装配式住宅占新建住宅比例达到 10% 以上。

（6）河南省

到 2022 年，培育 5 家以上省级钢结构装配式产业基地和 2～3 家钢结构总承包资质企业，建成 10 项城镇钢结构装配式住宅示范工程探索建设轻钢结构农房示范村 1～2 个。鼓励有条件的城市积极开展钢结构装配式住宅工程实践。

1.3　装配式钢结构体系分类和围护系统

1.3.1　装配式钢结构主要体系

目前多高层装配式钢结构建筑的结构体系，主要包括钢框架结构、钢框架—支撑体系、模块化钢结构体系等。各类钢结构体系的特点如下。

1. 钢框架结构体系

钢框架结构是由钢梁和钢柱组成的同时承受竖向与水平作用的结构。该结构在施工现场通过梁柱连接成具有抗剪和抗弯能力的装配式钢结构体系，属于单重抗侧力结构体系。框架柱一般采用焊接 H 型钢和箱型钢，当柱受力较小时也可采用轻型热轧型钢；框架梁主要采用轧制或焊接 H 型钢。当考虑混凝土楼板与钢梁共同工作时，必须按照组合梁设计，可有效减小梁高和用钢量，并增大结构净空和降低结构造价。该种结构的优、缺点详见表 1-1。

表 1-1　钢框架结构的技术特点

优点	缺点
受力明确，具有良好的延性和耗能能力； 建筑平面布置灵活，钢框架结构体系能够使建筑物的空间得到最大限度的利用； 制作安装简单，在钢材生产过程中能够进行批量化生产，施工速度快	抗侧刚度小，当层高较大、抗震设防烈度高时，主要通过增加梁柱截面来增加结构的抗侧刚度和承载能力，经济性较差

2. 钢框架—支撑结构体系

为提高钢框架结构的抗侧刚度，可在钢框架的跨间设置钢支撑，以形成钢框架—支撑结构体系。该种结构体系由钢框架和钢支撑共同组成，是双重抗侧力结构体系。根据钢支撑与钢梁连接的位置，可将钢框架—支撑结构分为钢框架—中心支撑结构和钢框架—偏心支撑结构两种。该种结构的优、缺点详见表 1-2。

表 1-2 钢框架—支撑结构的技术特点

优点	缺点
减少用钢量； 支撑增加结构整体刚度，抗侧刚度强； 框架和支撑形成两道抗震防线，使得结构具有较好的抗震性能	斜向支撑布置不利于门窗洞的布置； 对住宅结构而言，纵向支撑的设置基本没有可能； 施工难度大，施工精度要求高

3. 模块化钢结构体系

模块化钢结构体系是由多个在工厂进行预制生产的模块化单元运输至现场后，通过可靠的连接方式组装成为整体的结构体系。模块单元中，模块柱通常采用方钢管，模块梁采用方钢管或 H 形截面。该种结构的优、缺点详见表 1-3。

表 1-3 模块化钢结构的技术特点

优点	缺点
可像积木一样将各个功能房间或户型进行多样组合； 建设周期较短； 取材较容易	单元连接节点较为复杂，且通常仅适用于低、多层建筑； 模块单元尺寸较为固定，种类较少； 模块单元对运输过程要求高且较为复杂，成本较高

1.3.2 装配式钢结构围护系统

装配式钢结构建筑提倡采用非砌筑墙体，采用工厂预制墙板。根据围护体系应用位置，分为外墙、内墙和分户墙；根据围护体系的构成形式和主要构成材料，分为预制混凝土墙板、轻钢龙骨类复合墙板、轻质条板和夹心板等。围护系统中的内、外墙板需满足耐久性、抗风压性能、隔声性能、防火性能、抗压性能、抗撞击性能、水密性能等。目前常用的墙板包括预制混凝土复合墙板、轻钢龙骨类复合墙板、蒸压加气混凝土条板、金属面板夹心墙板等。

（1）预制混凝土复合墙板

预制混凝土复合墙板主要是由钢筋混凝土结构里层、保温层和混凝土饰面层复合而成的承重或非承重的复合墙板，如图 1-2（a）所示。主要优点包括集围护、保温和装饰一体化，具有强度高、保温隔热性能好、材料耐久性好的特点；主要缺点包括面密度较大、施工难度大、安装效率较低。

（2）轻钢龙骨类复合墙板

轻钢龙骨类复合墙板主要是以纸面石膏板、纤维增强水泥板等各种轻质薄板为面层材料，以轻钢龙骨为骨架，中间为空气层或填充聚苯泡沫、岩棉等保温吸声材料的复合墙板，如图 1-2（b）所示。轻钢龙骨类复合墙板具有质量轻、现场全干法施工、施工便捷、保温隔热性好、易穿管线的特点，但材料强度低于混凝土强度，且吊挂性、耐久性及抗撞击性取决于面板材料。

（3）蒸压加气混凝土条板

蒸压加气混凝土条板是以水泥、石灰、硅砂等为主要原料，再配置不同数量的钢筋网片的一种轻质多孔的墙板，如图 1-2（c）所示。蒸压加气混凝土条板具有质量轻、耐火性能好、可加工性强、耐久性好的特点，但强度较低、抗冲击能力差，且易破损和易出现干缩裂缝。

（4）金属面板夹心墙板

金属面板夹心墙板是以水泥、石灰、硅砂等为主要原料，再配置不同数量的钢筋网片的一种轻质多孔的墙板，如图 1-2（d）所示。该种墙板多用于工业、公共建筑，具有施工便捷、可拆装的特点，但金属面板不耐腐蚀，设计时需采取措施以提高其耐久性。

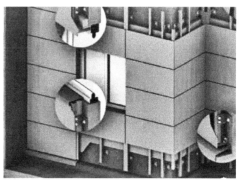

（a）预制混凝土复合墙板　　　　　　　（b）轻钢龙骨类复合墙板

图 1-2　装配式钢结构体系围护系统

（c）蒸压加气混凝土条板　　　　　　　　（d）金属面板夹心墙板

图 1-2　装配式钢结构体系围护系统（续）

1.4　BIM 技术的主要内容

1.4.1　BIM 技术特点

（1）可视化

BIM 技术可以将装配式钢结构建筑的施工过程与施工进度通过数据的形式呈现出来，施工人员通过数据模型可以对整个结构制定详细的施工计划。BIM 模型建立后，整个装配式钢结构建筑整体信息就可以直观展示。施工人员通过 BIM 模型可以对整个结构的生产和安装进行全面了解，确保其构建的精密程度。同时，还可及时发现存在的问题并进行设计调整，从而改善传统施工过程中存在的与设计图纸不符的问题，有利于装配式钢结构建筑施工的顺利实施。

（2）优化性

装配式钢结构建筑施工前，需要施工单位、参建单位、设计单位、工程造价管理单位等共同参与，整个施工过程具有施工工序多、施工内容复杂等特点。在装配式钢结构建筑中采用 BIM 技术可有效减少施工中的技术难点问题，并优化施工工序。施工前的准备阶段中，可以利用 BIM 技术制定详细的施工方案，并利用几何信息与物理信息将整个项目中的人力安排和物资资源进行优化和协调。利用 BIM 技术可明确每个施工环节的分工，分析施工工艺中的技术难点和重点，优化整个施工方案，并合理地进行工程质量的管控和解决可能存在的问题。

（3）模拟性

装配式钢结构建筑 BIM 模型构建过程中，施工现场的设计和管理人员要对建筑过程中所涉及的相关数据进行统一收集和管理，并用于指导工程项目施工。施工人员通过三维立体化的 BIM 模型，可对施工过程中的细节变化和参数进行调整。基于 BIM 技术的工程进度图表展示进行对比和分析，完成自动化的运营管理模式，避免人为因素造成的施工影响以及排查施工过程中的安全隐患问题。通过设计图与施工现场的对比分析，可以及时发现存在的问题。

（4）协调性

装配式钢结构建筑各个环节所产生的数据和信息，可以通过 BIM 模型进行整理和分析。通过 BIM 的信息化集成技术，在装配式钢结构施工管理期间，可以搭建出该结构的信息化数据库。随着施工进度的推进，各方均能随时进行数据更新，从而实现工程项目的质量监管。通过 BIM 信息资源的共享，在各个部门、各个环节之间进行优化，合理安排施工人员，协调施工流程中存在的进度、质量等问题，确保项目的施工进度和施工质量在合理的范围内进行。

1.4.2　BIM 技术优势

（1）提高工程管理水平

装配式钢结构建筑工期短，投入的人力成本较低。钢结构构件可以在工厂中生产和制作，并在现场进行安装。生产过程中，主要利用大型机械设备以及精密的仪器建造，有效避免人工操作的失误行为；工厂流水线可以保证零部件的质量符合相关标准，保障建造和拼装时的质量。装配式钢结构建筑施工项目可根据 BIM 技术获取模型数据，将整个结构进行拆分后，投入工厂进行生产和制作。在确保制作完成和检查合格后，就能投入现场进行安装和拼接。BIM 技术可以有效整理装配式钢结构施工中产生的建筑信息，优化整个结构的施工流程，并提高装配式钢结构建筑的工程管理水平。

（2）加强施工设计质量

装配式钢结构建筑设计需要根据实际施工现场情况进行，即在施工前设计单位会进行实地勘察，对整个施工的区域环境和施工条件进行详细了解，并针对现场施工重点和难点进行标注。利用 BIM 技术可以加强装配式钢结构建筑施工现场的信息采集准确度，并将测量的参数信息通过 3D 建模进行立体展示。设计完成后，还可以通过 BIM 技术进行三维的可视化展示，发现施工阶段存在的风险和影响施工进度的全部因素，配合施工人员进行建设资源的调控，有效进行统筹调度，确保装配式钢结构的施工质量和安全。

（3）合理调控工程成本

在施工以前，使用 BIM 技术可以了解装配式钢结构建筑每个阶段投入的资金运行情况，合理地进行造价控制。可以对每个阶段投入的预算和成本进行全面了解，并对超出的预算进行分析和总结。在装配式钢结构建筑的设计阶段，可以对钢结构的设计信息进行整合，根据 BIM 软件模拟后产生的不同问题作出相关数据参数的调整，并给出不同的备选方案和最优方案。针对装配式钢结构建筑项目设计阶段造价管理中出现的问题进行预防和处理，完善和优化设计方案，从而进行工程造价成本的合理调控。

1.4.3　BIM 技术应用

（1）设计阶段

装配式钢结构建筑在组装之前，设计人员需要在施工前对施工现场进行勘察，全面考虑影响施工时的天气、地形、周围建筑物等因素。通过采集相关数据并进行综合分析，以制定施工方案和建筑工程管理计划。利用 BIM 技术将施工现场测量的数据和施工作业相结合，明确装配式钢结构在施工过程中的具体尺寸和规模。待完成装配式钢结构建筑设计以后，还可以利用同一模型进行误差识别，由此对结构进行调整和方案优化。BIM 技术具有协调性和设计阶段的优化性。

（2）生产阶段

装配式钢结构建筑施工过程中，利用 BIM 技术为项目设计、材料采购和施工过程等提供信息，以便承包商、建设方、设计单位和施工单位进行质量管理，并利用穿行碰撞检测识别钢结构的部件质量。装配式钢结构建筑的钢材生产加工时，可以根据展现的精确信息，调整加工参数数据和降低容错率，由此提升装配式钢结构建筑材料的施工质量。

（3）施工阶段

利用 BIM 技术可以模拟整个施工现场，包括钢结构的进场和吊装分析等，明确整个施工情况和优化施工工期，排查施工中可能存在的问题，从而提高施工质量与效率。利用 BIM 技术集成性的优势，可以将各专业模型进行合并，整合相关数据并进行施工过程优化，实现信息数据的高效传输。对于钢结构模型构件施工作业来说，将所有任务与计划导入 BIM 系统中，可根据施工进度进行安装工时分配。

（4）运维作业阶段

装配式钢结构建筑还需要加强竣工验收后的运维管理，推动 BIM 技术的应用。装配式钢结构建筑在运维阶段需要考虑钢材的特性，且设计时需要充分了解钢铁及其他建筑材料的特点，避免出现锈蚀和火灾等问题，否则会影响装配式钢结构建筑的寿命。同时，设计人员需要注意防腐、防侵蚀的问题，同时要注重施工中的质量与安全。BIM 技术模型建构可以极大地方便后续装配式钢结构的维修和保养，确保其安全稳定地运行。

1.5　基于 BIM 技术的装配式钢结构建筑性能分析

1.5.1　基于 BIM 技术的增量成本及效益

装配式钢结构建筑的 BIM 信息化管理和设计采购施工（Engineering Procurement Construction，EPC）总承包模式下统筹运维工作都应以规范统一的模型数据为基础。在 EPC 总承包模式设计阶段，应充分发挥 BIM 一体化设计思维，并综合搭建水、暖、电、装修等各专业 BIM 模型。此外，各专业还需进行各自设计流程的协同，通过深化协同工作不断丰富 BIM 模型信息，最终集成各专业设计信息的交付使用模型。

通过 BIM 技术将建筑模型化，是装配式建造过程中特有的环节，同时也是建筑构件生产工厂化的重要保障。在工厂化生产过程中，集成信息化加工技术可以将 BIM 设计信息直接导入预制厂中央处理系统，并转化为生产数据经由预制设备自动化加工，从而提高预制构件的生产效率。此外，预制厂的生产信息化管理系统还可以结合 RFID（射频识别）与二维码等物联网技术及移动终端技术，实现生产排产、物料采购、模具加工、生产控制、构件质量、库存和运输等信息化管理。

在装配式钢结构建筑现场施工装配阶段，装配工作应以 BIM 模型为载体，共享与集成现场装配信息，连通设计信息和工厂生产信息，最终实现项目进度、施工方案、质量、安全等方面的数字化、精细化和可视化管理应用。BIM 技术作为数字化信息管理工具，将建筑全过程信息整合到 BIM 模型中，并通过 BIM 管理平台实现信息快速传递与共享。

1.5.2 基于 BIM 技术的全生命周期碳排放

在全球气候变暖的背景下，减少以二氧化碳（CO_2）为代表的温室气体排放已成为全世界尤其是中国关注的焦点。建筑业节能减排的潜力巨大，建筑生产活动从生产到拆除的全生命周期内碳排放量高达全世界碳排放总量的 30%～40%。在我国，建筑碳排放占碳排放总量的比例高达 36%，我国已进入对碳排放总量进行控制的工作阶段。我国实现 2030 年前"碳达峰"目标的关键点是建筑节能。《"十三五"控制温室气体排放工作方案》中明确提出，对城市碳排放进行精细化管理，推进既有建筑节能改造，强化新建建筑节能，推广绿色建筑，积极开展绿色生态城区和零碳排放建筑试点示范。装配式钢结构建筑的发展主要以低能耗、低排放为主导。

当前，装配式钢结构建筑全生命周期及各阶段碳排放主要存在以下问题：

（1）建筑全生命周期碳排放评价系统边界不统一。

（2）建筑碳排放计算方法实际操作性不强。

（3）碳排放因子数据匮乏。

（4）对建筑拆除阶段的碳排放研究不足。

基于 BIM 技术，根据碳排放计算软件，采用 BIM 可视化模型对建筑碳排放进行分析，可突破碳排放分析的局限性，满足绿色工程的需求，实现对绿色建筑设计的优化。图 1-3 为基于 BIM 技术的装配式钢结构建筑碳排放计算内容。利用 BIM 技术对装配式钢结构建造全生命周期碳排放进行系统研究，可作为工程量统计和碳排放量计算的基础，具有重要的理论价值，构建并阐述建筑从规划设计到拆除处理阶段碳排放的计算方法和模型，明确全生命周期的碳排放状况，提出相应的减排对策，促进装配式建筑的可持续发展和实现碳达峰、碳中和的目标。

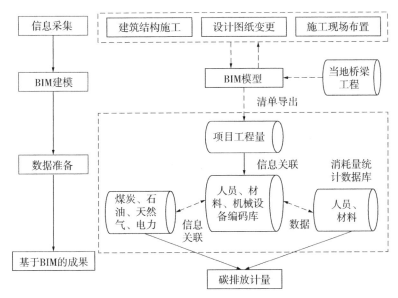

图 1-3 基于 BIM 技术的装配式钢结构建筑碳排放计算内容

1.5.3 基于 BIM 技术的绿色性能分析

在目前国内外背景下，我国近年来开始在全国范围内开展建筑领域的节能减排工作，意在将绿色、低碳、环保落在实处，完成建筑能耗和碳排放的双控目标。《绿色建筑评价标准》GB/T 50378—2019 以构建新时代绿色建筑供给体系、提升绿色建筑质量层次为目标，提高了绿色建筑性能要求，增加了建筑工业化、海绵城市、建筑信息模型等相关技术要求，并与强制性工程建设规范有效衔接。基于 BIM 技术可以有效实现人与环境之间的和谐共生，创造一个绿色、环保、低能耗和低排放的居住环境。同时，利于 BIM 技术的全产业链发展策略已逐渐成为建筑行业进步的关键驱动力，这不仅加强了监管结构和市场氛围，还可以提高装配式钢结构建筑的品质，进一步推动建筑行业持续、稳健增长。

基于 BIM 技术的装配式钢结构建筑绿色性能分析主要包括风、光、声、热等。通过对这些因素的控制，可有效降低装配式钢结构的建筑能耗，达到低碳环保的绿色建筑目标。具体内容包括：

（1）采光模拟

在同样光照条件下，天然光有利于视力保护和生产力提高，便于生活、工作和学习。评价装配式钢结构建筑物内部自然采光的主要指标包括采光系数、室内自然光照度、采光均匀度等。设计阶段，对室内天然采光和人工照明进行动态全天候全年模拟分析，输出采光系数、照度、照度均匀度等指标，可直观全面地反映建筑内各房间的采光效果，对采光不力区域或不达标房间及时进行修改。

（2）声环境模拟

噪声通常包括交通噪声、工业噪声和社会生活噪声等。噪声控制的目的是当室外噪声量达标时，装配式建筑内人们的工作、学习和生活不受到影响。在设计阶段，通过对装配式建筑场地声环境的模拟分析，选取场地噪声最不利区域，通过对建筑材料、建筑布局等内容的修改，评估室内声环境是否达标和是否满足人们居住的舒适度。

（3）热环境模拟／室外风环境

装配式钢结构建筑容积率、建筑布局、建筑周边绿地率等，对区域住宅通风条件有直接影响。利用 BIM 软件对建筑室外热环境、风环境进行模拟分析，能够在设计阶段快速获得场地和装配式建筑物表面温度的分布状态、热岛强度、场地气流分布、风场分布等指标，及时优化不利区域，选择最优设计方案。

（4）风环境模拟

装配式钢结构建筑密度、建筑开窗大小、建筑朝向等因素，对室内通风有直接影响。在建筑设计阶段，通过对室内风场进行模拟，研究室内空气流动状况、通风换气次数，可有效提高室内环境的舒适度。

第 2 章　装配式钢框架结构体系

2.1　钢框架结构的基本性能

2.1.1　基本原则

装配式钢结构建筑的结构平面布置宜对称、规则，竖向布置宜保持刚度、质量变化均匀。布置时还要考虑地震作用、风作用、不均匀沉降、温度作用等效应的不利影响。合理设置沉降缝、伸缩缝或防震缝时，应满足相应功能的要求。依据建筑功能用途、建筑物高度和抗震设防烈度等条件，合理地选择钢框架结构、钢框架—支撑结构体系等。

装配式钢结构建筑的结构体系应具有合理的传力路径和明确的计算简图，以及适宜的刚度、承载能力和耗能能力等，以避免因部分构件或结构的破坏而导致整个结构丧失结构功能，并对可能出现的薄弱部位采取有效加强措施。另外，为提高构件的标准化程度，在结构设计初期宜采用标准化的钢构件，对钢梁、钢柱等构件宜选取常用的热轧 H 型钢或焊接 H 型钢型号进行标准化设计，减少非常用型号、规格，从而有利于装配式钢结构建筑标准化和工业化的实现。

装配式钢结构建筑的结构在设计、制作、运输、安装和验收时，应符合《建筑结构荷载规范》GB 50009—2012、《钢结构设计标准》GB 50017—2017、《建筑抗震设计标准》GB/T 50011—2010、《建筑工程抗震设防分类标准》GB 50223—2008、《高层民用建筑钢结构技术规程》JGJ 99—2015、《装配式钢结构住宅建筑技术标准》JGJ/T 469—2019、《钢结构工程施工质量验收标准》GB 50205—2020 的规定。

2.1.2 技术特点

标准设防下，钢框架结构、钢框架—中心支撑结构和钢框架—偏心支撑结构适用的最大高度如表 2-1 所示。

表 2-1　适用的钢框架房屋最大高度（m）

结构体系	设防烈度				
	6、7（0.10g）	7（0.15g）	8（0.20g）	8（0.30g）	9（0.40g）
钢框架结构	110	90	90	70	50
钢框架—中心支撑结构	220	220	180	150	120
钢框架—偏心支撑结构	240	220	200	180	160

注：1. 房屋高度是指室外地面到主要屋面板板顶的高度（不包括局部凸出屋顶的部分）；
　　2. 超过表内高度的房屋，应进行专门研究和认证，采取有效的加强措施；
　　3. 特殊设防类，6 度、7 度、8 度时宜按本地区抗震设防烈度提高 1 度后符合本表要求，9 度时应作专门研究。

2.2　常用材料

2.2.1　钢构件材料及分类

1. 常用材料

钢材牌号、质量等级及其性能要求，应根据构件重要性和荷载特征、结构形式和连接方法、工作环境、钢材型号和板件厚度等因素确定。钢材性能应符合现行国家标准《钢结构设计标准》GB 50017 及其他有关标准的规定。

装配式钢结构建筑中，主体结构常用材料主要包括碳素结构钢、低合金高强度结构钢和铸钢等，具体性能为：

（1）碳素结构钢

碳素结构钢可分为普通碳素结构钢和优质碳素结构钢，其含碳量处于0.05%～0.70%。该种钢材主要用于最普通的钢结构工程中，包括 Q195、Q215、Q235、Q275 四个牌号。其中，Q235 是最常用的结构钢材。

（2）低合金高强度结构钢

低合金高强度结构钢相比碳素结构钢含有更多的合金元素，属于低合金范畴。低合金高强度结构钢强度也明显高于碳素结构钢，可以使钢结构构件具有更高的承载力、刚度和稳定性。该种结构钢主要包括 Q355、Q360、Q420、Q460 四个牌号。其中，Q355 是常用的结构钢材，且 Q460 一般不用于建筑结构中。

（3）铸钢

在钢结构建筑中，尤其是在大跨度钢结构中，通常需要在支座处设置铸钢件。铸钢材质应符合《一般工程用铸造碳钢件》GB/T 11352—2009 的要求。铸钢主要包括 ZG200-400、ZG230-450、ZG270-500、ZG310-570、ZG340-640 五个牌号。牌号中字母表示铸钢，后面数字分别代表屈服强度和抗拉强度。

2. 材料分类

装配式钢结构常用钢材按外形一般分为钢板、钢管和型钢等，如图 2-1 所示。

（a）钢板 　　　　　　　（b）钢管 　　　　　　　（c）型钢

图 2-1 钢结构材料分类

（1）钢板

钢板是使用钢水浇筑，冷却后轧制而成的平板状钢材，是一种表面积和宽厚比都很大的扁平钢材，可分为热轧和冷轧两种。在钢结构建筑中，按厚度可分为薄板（厚度小于 4mm）、中板（厚度 4～25mm）和厚板（厚度大于 25mm）。装配式钢结构建筑中，钢梁、钢柱和钢支撑等板件厚度通常大于 5mm。

（2）钢管

钢管类钢材是一种中间截面的长条钢材，按截面形状可分为圆管、方钢管、六角形管和各种异形截面钢管；按加工工艺可分为无缝钢管和焊接钢管两种。钢结构建筑中，常用的钢管有热轧圆管、焊接圆管、方管和矩形管等。

（3）型钢

型钢是一种具有一定截面形状和尺寸的实心长条钢材，按其断面形状可分为简单断面和复杂断面。例如，简单断面包括方钢、圆钢、扁钢、角钢、六角钢等；复杂断面包括工字钢、槽钢、钢轨、窗框钢、弯曲型钢等。钢结构建筑常用型钢有 H 型钢、工字钢、角钢、槽钢和 Z 型钢等。相同截面负荷下，H 型钢结构相比传统钢结构可节约金属 10%～15%，质量减轻 15%～20%，建筑结构自重减轻 30%～40%。

2.2.2　连接材料

装配式钢结构建筑中，构件与构件之间主要采用焊接连接和螺栓连接两种，如图 2-2 所示。

（a）焊接连接　　　　　　　　　　　　　　（b）螺栓连接

图 2-2　钢结构的主要连接方式

1. 焊接连接

焊接连接是钢结构最主要的连接方式，其优点是构造简单、不削弱构件截面、节约钢材、加工方便、连接密封性好；缺点是焊接残余应力和残余变形对结构有不利影响等，且焊接结构的低温冷脆问题也比较突出。焊接连接时，焊接材料主要包括焊条、焊丝和焊剂。

（1）焊条

焊条是供手工电弧焊用的熔化电极，主要是由焊芯和药皮两部分组成。焊条直径和长度是指焊芯的直径和长度，常用的直径主要包括 1.6mm、2.0mm、2.5mm、3.2mm、4.0mm、5.0mm、8.0mm 等，长度范围为 200～550mm。焊条型号可分为碳钢焊条和低合金钢焊条，主要包括 E43、E50、E55、E60 系列。手工电弧焊焊条应与焊件金属强度相适应，例如，对 Q235 钢焊件用 E43 系列型焊条；对 Q355 和 Q390 钢焊件用 E50 或 E55 系列型焊条；对 Q420 和 Q460 钢焊件用 E55 或 E60 系列型焊条。对不同钢种的钢材连接时，宜选用与低强度钢材相适应的焊条。

（2）焊丝

焊丝是一种手工焊接材料，主要作为填充金属或同时作为导电用的金属丝焊接材料。主要适用于自动焊接和半自动焊接，用气体、焊剂保护或自保护，可用于结构焊接和堆焊等。焊丝型号可分为碳钢焊丝和低合金焊丝，主要包括 ER50、ER55、ER62 和 ER69 系列。在气焊和钨极气体保护电弧焊时，焊丝用作填充金属；在埋弧焊、电渣焊和其他熔化极气体保护电弧焊时，焊丝既是填充金属，也是导电电极。另外，焊丝的表面不涂防氧化作用的焊剂。

（3）焊剂

焊剂是能够熔化金属形成熔渣，并对熔化金属起保护作用的一种颗粒状物质，能够起到保护熔化金属、防止氧化、提供平滑表面等作用，主要用于钢结构的埋弧焊自动焊接中。焊剂型号可分为碳素钢埋弧焊剂和低合金钢埋弧焊剂。

焊剂按照使用方式可以分为熔炼型、粘结型和免除渣型。其中，熔炼型焊剂是在焊接操作中与熔化金属直接混合，形成一种液体熔渣，起到保护和清洁的作用；粘结型焊剂则是附着在焊丝上的一层薄膜，焊接时通过热熔薄膜，起到保护熔化金属和清洗焊接表面的作用；免除渣型焊剂则是一种能防止氧化产生和渣滓产生的焊剂，可以在熔化金属表面形成保护层，确保焊接质量。

2. 螺栓连接

钢结构构件间的连接、固定和定位等可以通过螺栓来实现。螺栓连接一般包括普通螺栓连接和高强度螺栓连接。普通螺栓连接的优点是施工简单、拆装方便；缺点是用钢量多，主要用于安装连接和需要经常拆装的结构。高强度螺栓连接具有受力性能好、连接强度高、抗震性能好、耐疲劳等特点，目前已成为钢结构建筑中主要的螺栓连接方式。

（1）普通螺栓

普通螺栓一般是指低强度等级要求的螺栓，其提供的竖向轴力很小，在外力作用下连接件容易发生滑移现象，通常外力通过螺栓杆件和孔壁压力传递。普通螺栓主要包括 A 级、B 级和 C 级螺栓。其中，A 级、B 级螺栓一般是用 45 号钢和 35 号钢制成；C 级螺栓是用 Q235 钢制成。普通螺栓材料是用普通的螺丝线材生产的，因此，普通螺栓材料硬度强度、抗拉力、扭力不会很高。

A 级、B 级螺栓需要机械加工，尺寸准确，要求 Ⅰ 类孔（栓径和孔径尺寸偏差为 0.2～0.5mm）；A 级螺栓包括直径小于 M24，长度小于 150mm 的螺栓；B 级螺栓包括直径大于 24mm 或长度大于 150mm 的螺栓。C 级螺栓加工粗糙，尺寸不够准确，要求 Ⅱ 类孔（栓径和孔径尺寸偏差为 1.0～1.5mm），成本较低，目前广泛用于承受拉力的安装连接中。

（2）高强度螺栓

高强度螺栓按受力特点的不同可分为摩擦型连接和承压型连接两种，这两种连接只是在极限状态上取值有所差异，制造和构造上并没有区别。高强度螺栓在性能等级上可分为 8.8 级和 10.9 级；根据构造和施工方法不同，可分为大六角头高强度螺栓和扭剪型高强度螺栓两类。

高强度螺栓摩擦型连接主要利用摩擦传力，具有连接紧密、受力良好、耐疲劳、可拆换、安装简单和动力荷载下不易松动等特点，要求 Ⅱ 类孔，目前在桥梁、工业基础和民用建筑中得到广泛应用。高强度螺栓承压型连接起初由摩擦传力，随后依靠栓杆抗剪和承压传力，其承载力比摩擦型连接高，可以节约钢材，要求 Ⅰ 类孔，也具有连接紧密、可拆换、安装简单等优点。

2.2.3 防护材料

钢结构的劣势主要体现在防腐和防火性能差等方面。如果不进行防护，将会严重影响钢结构建筑的安全性和耐久性，并造成严重的经济损失。利用防腐蚀和防火涂料的涂层，可使钢结构构件被涂物与所处环境相隔离，从而达到防腐蚀和防火的目的，并延长结构的使用寿命，保证结构的使用安全。

1. 防腐材料

钢结构防腐涂料是在耐油防腐蚀涂料的基础上研制成功的，主要分为底漆和面漆两种，其应用范围广，且可根据需要将涂料调成各种颜色。钢结构防腐涂料主要是由改性羟基丙烯酸树脂、优质精制颜填料、添加剂、溶剂配制而成的双组分涂料，且较薄的涂层能适应薄壁板的防腐装饰要求，具有耐蚀、耐候、耐寒、耐湿热、耐盐雾、耐水、耐油等特点。钢结构建筑在一个流水段的所有构件安装完毕后，针对运输安装过程中可能存在的涂层被磨损部位，应补刷涂层。

随着对钢结构防腐要求的提高以及环境保护的限制，钢结构防腐涂料更进一步朝着低溶剂、高固体成分的方向发展，致使涂料变得高黏度、厚浆型而越来越难以喷涂。传统的施工方法是手工刷涂和空气喷涂，手工刷涂不仅效率低下，而且不可避免地留下刷痕，其漆面效果难以令人满意；空气喷涂因不能雾化高黏度的防腐涂料，势必会加大量的稀释剂，导致成本上升及环境污染，且过度稀释会导致油漆成膜能力下降，影响油漆涂层寿命。采用高压无气喷涂施工工艺，可有效解决传统喷涂产生的问题。它的工作原理是通过高压无气喷涂设备，将涂料增压至几百 kg/cm^2，通过喷嘴将涂料雾化成细小的微粒，直接喷射到被涂物表面的一种喷涂方式，具有极佳的表面质量、满意的施工效率、提高附着力和延长涂层寿命、节省涂料等特点。

2. 防火材料

钢结构防火涂装的目的是利用防火涂料使钢结构在遭遇火灾时，能在构件所要求的耐火极限内不发生倒塌现象。防火涂料涂装前，钢材表面除锈和防腐涂装应符合设计文件和国家现行有关标准的规定。钢结构的耐火等级可划分为一等、二等、三等、四等四个等级，耐火极限在 0.25～4h。另外，无保护的钢结构耐火极限为 0.25h。

钢结构防火涂装按胶结料种类分为溶剂型钢结构防火涂料和水性钢结构防火涂料。其中，溶剂型钢结构防火涂料按苯含量可分为低含量（TVOC ≤ 600g/L，苯 ≤ 5g/kg）苯类溶剂型钢结构防火涂料和高含量苯类溶剂型钢结构防火涂料。按使用厚度可分为超薄型钢结构防火涂料（涂层厚度小于 3mm）、薄型钢结构防火涂料（厚度为 3～7mm）和厚型钢结构防火涂料（厚度为 7～45mm）。按涂层膨胀性能可分为膨胀型防火涂料和非膨胀型防火涂料。其中，超薄型钢结构防火涂料和薄型钢结构防火涂料属于膨胀型防火涂料；厚型钢结构防火涂料属于非膨胀型防火涂料。

2.3 钢框架梁柱连接节点

钢梁和钢柱的连接主要采用刚性节点、半刚性节点和铰接节点。欧洲标准 Eurocode 3 中把节点按初始转动刚度 R_{ki} 分为各种节点，具体包括：节点的初始弹性刚度 R_{ki} 在无支撑结构中不小于 $25EI/L$、有支撑结构中不小于 $8EI/L$，节点为刚性节点；当节点初始刚度大于 $0.5EI/L$ 时，节点为铰接节点；在刚性和铰接节点之间部分属于半刚性节点。其中 EI/L 为梁的线刚度。美国钢结构规范中利用连接刚度与梁刚度的比值（$\alpha = K_s L/EI$）进行分类，把结构连接形式分为完全约束型、部分约束型和铰接型三种，当 $2 < \alpha < 20$ 时节点为部分约束型，即半刚性连接；当 $\alpha \leq 2$ 时，为铰接连接；当 $\alpha \geq 20$ 时，为刚性连接。

2.3.1 刚性连接节点

装配式钢结构建筑中，梁柱节点的刚性连接可保证梁段的弯矩和剪力可靠地传递到柱子。刚性连接可以采用焊接、栓接和栓焊混合连接等，如图 2-3 所示。其中，梁翼缘、腹板与柱均为全熔透焊接，即全焊接节点；梁翼缘与柱全熔透焊接，梁腹板与柱螺栓连接，即栓焊混合节点；梁翼缘、腹板与柱均为螺栓连接，即全栓接节点。

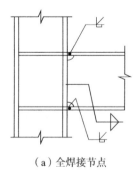 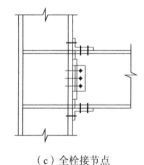

（a）全焊接节点　　　　　　（b）栓焊混合节点　　　　　　（c）全栓接节点

图 2-3　刚性连接节点

2.3.2 铰接连接节点

铰接连接节点可将梁段剪力传递至柱子，但梁端弯矩为零。铰接连接可以做成仅钢梁腹板连接和仅钢梁翼缘连接等，如图 2-4 所示。其中，仅钢梁腹板连接是通过连接件将钢梁腹板与钢柱相连，钢梁翼缘与钢柱不连接的方式；钢梁翼缘连接是通过角钢和 T 形连接件将钢梁翼缘与钢柱连接的方式。

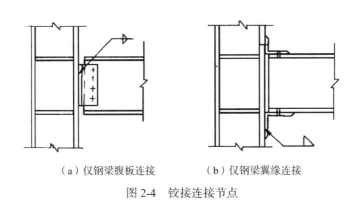

（a）仅钢梁腹板连接　　　（b）仅钢梁翼缘连接

图 2-4　铰接连接节点

2.3.3 半刚性连接节点

半刚性连接是指能承受一定弯矩的同时，也具有一定转动能力的连接节点。钢框架的设计中，对连接类型的分类很重要。其中，短 T 型钢连接的转动刚度最大，端板连接其次，单腹板角钢连接的刚度最弱。不同半刚性连接节点如图 2-5 所示，主要类型包括：

（1）单腹板角钢连接

单腹板角钢连接是由单个角钢通过螺栓或焊缝连接到梁腹板和柱上。这类连接的弯矩—转角刚度小、柔性大、制造简单，角钢可在制造厂与柱焊接，并与梁在现场通过螺栓连接，用钢量较小，但存在一定的偏心。

（2）双腹板角钢连接

双腹板角钢连接是由两个相同的角钢，通过螺栓或焊缝将梁、柱连接在一起。这类连接的弯矩—转角刚度较小、柔性较大。研究表明，这类连接能够承受刚性连接时 20% 的弯矩。

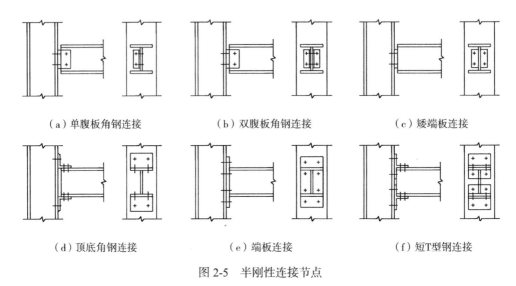

（a）单腹板角钢连接　　　　（b）双腹板角钢连接　　　　（c）矮端板连接

（d）顶底角钢连接　　　　　（e）端板连接　　　　　　（f）短T型钢连接

图 2-5　半刚性连接节点

（3）矮端板连接

矮端板连接是由一个比梁小的端板通过焊接与梁的腹板相连，并通过螺栓与柱相连。这种连接与双腹板角钢连接相似，但主要用于传递梁的反力。

（4）顶底角钢连接

顶底角钢连接是由两个相同角钢分别将梁的上、下端翼缘与柱相连，在梁和柱上使用螺栓连接。底角钢只传递竖直方向反力，且不应对梁端产生大的附加弯矩；顶底角钢仅用作维持侧向稳定，不承担任何荷载。相关研究表明，该连接仍能承担部分弯矩。

（5）端板连接

端板连接分为齐平端板连接和延伸端板连接两种。端板可在制造厂与整个梁端焊接，然后在现场通过螺栓与柱相连。该连接的转动刚度较大，柔性较小，是最常见的梁柱连接方式之一。

（6）短 T 型钢连接

短 T 型钢连接是由设置在梁上、下翼缘处的两个短 T 型钢，通过螺栓分别与梁、柱相连。这类连接被认为是转动刚度最强的半刚性连接之一。

不同半刚性连接节点的弯矩—转角曲线如图 2-6 所示。

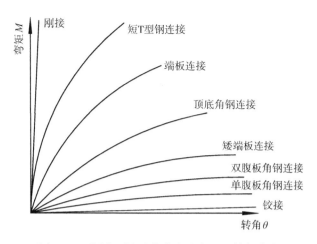

图 2-6　不同半刚性连接节点的弯矩—转角曲线

2.3.4　其他连接节点

　　地震作用下，装配式钢结构建筑中钢梁端部将弯矩传递至梁柱节点上，使得节点在弯矩作用下发生翼缘屈曲、腹板屈曲、翼缘断裂和腹板开裂等破坏模式，进而降低结构的抗震性能和耗能能力，并产生较大的残余变形，从而影响结构的震后功能恢复能力和震后修复成本等。当前，国家对建筑结构的抗震性能和经济性提出了更高要求。因此，钢框架结构需进一步提高其抗震性能和功能可恢复能力，以使其与当前要求相符。可恢复功能防震结构合理利用自复位、可更换和耗能等机制，将损伤集中在可更换的耗能构件，从而保护主体结构不发生损伤或可快速修复，其中，自复位机制可利用形状记忆合金（SMA）等材料，有效减小构件和相应结构的残余变形，使得结构在震后快速恢复使用功能。

　　为此，将 SMA 和碟形弹簧引入钢框架结构梁柱节点中，可得到一种带自复位梁柱节点的钢框架结构，如图 2-7 所示。该种节点中主要包括：钢柱 1、悬臂钢梁 2、中间钢梁 3、连接梁 I 4、连接梁 II 5、封板 I 6、竖直加劲肋 I 7、水平加劲肋 I 8、封板 II 13、竖直加劲肋 II 14、水平加劲肋 II 15、盖板 22、高强螺栓 23、垫片 24、螺帽 25、SMA 26、弹簧 27。该种节点具有耗能能力强、自复位能力强、构件简单合理、经济效益高、抗震性能好和震后无损伤等特点。预期在地震作用下，该种钢框架结构可通过中间钢梁绕连接梁 I 中的中心圆孔转动耗能，同时在往复荷载下通过上、下两组 SMA—弹簧组合件中的 SMA 提供耗能能力，且 SMA 和弹簧均可为节点提供复位能力，由此提高钢框架结构的抗震性能和自复位能力。

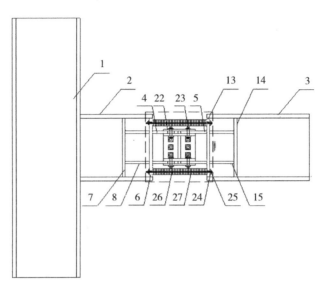

图 2-7　自复位钢框架梁柱节点

2.4　钢框架结构设计方法

2.4.1　强柱弱梁

1. 抗震设计

钢框架梁柱节点为满足"强柱弱梁"的抗震设计要求，根据不同梁截面和抗震等级进行抗震承载力计算。

（1）等截面梁

对于钢梁为等截面设计时，其抗震承载力需要满足以下要求：

$$\sum W_{pc}(f_{yc} - N/A_c) \geqslant \eta \sum W_{pb} f_{yb} \qquad （2-1）$$

（2）端部翼缘变截面梁

$$\sum W_{pc}(f_{yc} - N/A_c) \geqslant \sum (\eta W_{pb1} f_{yb} + V_{pb} s) \qquad （2-2）$$

式中，W_{pc}、W_{pb}——钢柱、钢梁的塑性截面模量；

$\quad\quad W_{pb1}$、V_{pb}——钢梁塑性铰所在截面的梁塑性截面模量、钢梁塑性铰剪力；

$\quad\quad f_{yc}$、f_{yb}——钢柱、钢梁的屈服强度；

$\quad\quad N$、A_c——地震组合的钢柱轴力、钢柱截面面积；

$\quad\quad \eta$——强柱系数，一级取 1.15，二级取 1.10，三级取 1.05；

$\quad\quad s$——塑性铰至柱面的距离。

2. 抗震构造设计

装配式钢框架结构建筑中，钢柱主要承受轴向压力和弯矩共同作用，钢梁主要承受弯矩作用。其中，框架柱的长细比，一级不应大于 $60\sqrt{235/f_{ay}}$，二级不应大于 $80\sqrt{235/f_{ay}}$，三级不应大于 $100\sqrt{235/f_{ay}}$，四级不应大于 $120\sqrt{235/f_{ay}}$；框架柱、框架梁板件比应符合表 2-2 的规定。

表 2-2　框架柱、框架梁板件比限值

	板件名称	一级	二级	三级	四级
柱	工字形截面翼缘外伸部分	10	11	12	13
	工字形截面腹板	43	45	48	52
	箱形截面壁板	33	36	38	40
梁	工字形截面和箱形截面翼缘外伸部分	9	9	10	11
	箱形截面翼缘在两腹板之间部分	30	30	32	36
	工字形截面和箱形截面腹板	$72\sim120N_b/$ $(Af)\leqslant60$	$72\sim100N_b/$ $(Af)\leqslant65$	$80\sim110N_b/$ $(Af)\leqslant70$	$85\sim120N_b/$ $(Af)\leqslant75$

注：1. 表列数值适用于 Q235 钢，采用其他牌号钢材时，应乘以 $\sqrt{235/f_{ay}}$；

$\quad\quad$ 2. $N_b/(Af)$ 为梁轴压比。

2.4.2　强节点弱构件

1. 设计方法

装配式钢框架结构建筑中，应保证构件的破坏先于节点的破坏，即需要满足"强节点弱构件"的原则。

（1）节点域的屈服承载力

在钢框架结构中，梁柱节点域屈服承载力需满足以下要求：

$$\varphi\left(M_{\mathrm{pb1}} + M_{\mathrm{pb2}}\right)/V_{\mathrm{p}} \leqslant 4f_{\mathrm{yv}}/3 \qquad (2\text{-}3)$$

对于工字形截面柱，$V_{\mathrm{p}} = h_{\mathrm{b1}}h_{\mathrm{c1}}t_{\mathrm{w}}$；

对于箱形截面柱，$V_{\mathrm{p}} = 1.8h_{\mathrm{b1}}h_{\mathrm{c1}}t_{\mathrm{w}}$；

对于圆形截面柱，$V_{\mathrm{p}} = \left(\pi/2\right)h_{\mathrm{b1}}h_{\mathrm{c1}}t_{\mathrm{w}}$。

（2）工字形截面柱和箱形截面柱的节点域验算。

在钢框架结构中，框架梁通常采用工字形或 H 形截面，框架柱通常采用工字形截面和箱形截面，其梁柱节点域需按下列公式进行验算：

$$t_{\mathrm{w}} \geqslant \left(h_{\mathrm{b1}} + h_{\mathrm{c1}}\right)/90 \qquad (2\text{-}4)$$

$$\left(M_{\mathrm{b1}} + M_{\mathrm{b2}}\right)/V_{\mathrm{p}} \leqslant \left(4/3\right)f_{\mathrm{yv}}/\gamma_{\mathrm{RE}} \qquad (2\text{-}5)$$

式中，M_{pb1}、M_{pb2}——分别为节点域两侧梁的全塑性受弯承载力；

$\quad\quad V_{\mathrm{p}}$、$t_{\mathrm{w}}$——节点域的体积、节点域柱腹板厚度；

$\quad\quad f_{\mathrm{yv}}$——钢材的屈服抗剪强度；

$\quad\quad \varphi$——折减系数，三、四级取 0.6，一、二级取 0.7；

$\quad\quad M_{\mathrm{b1}}$、$M_{\mathrm{b2}}$——节点域外两侧梁的弯矩设计值；

$\quad\quad h_{\mathrm{b1}}$、$h_{\mathrm{c1}}$——梁翼缘厚度中点间的距离、柱翼缘厚度中点间的距离；

$\quad\quad \gamma_{\mathrm{RE}}$——节点域承载力抗震调整系数，取 0.75。

2. 抗震措施

在装配式钢框架结构中，可通过加强节点和削弱构件两种方式实现"强节点弱构件"。其中，加强节点的抗震措施包括翼缘盖板增强型、扩翼缘板增强型、竖向单肋板增强型和翼缘内侧板型或加劲板增强型等，如图 2-8 所示。减弱构件包括翼缘圆弧切削型、翼缘梯形切削型和翼缘钻孔减弱型等，如图 2-9 所示。

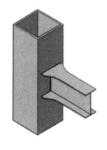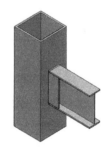

（a）翼缘盖板增强型　（b）扩翼缘板增强型　（c）竖向单肋板增强型　（d）翼缘内侧板型

图 2-8　加强节点

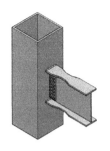 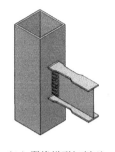 

（a）翼缘圆弧切削型　　（b）翼缘梯形切削型　　（c）翼缘钻孔减弱型

图 2-9　减弱构件

2.4.3　组合楼板

1. 基本分类

装配式楼板是装配式钢结构建筑中应用最广泛的一种装配式构件。基于不同的受力原理和应用场景等，装配式钢结构楼板可分为压型钢板组合楼板、钢筋桁架楼承板、钢筋桁架混凝土叠合板、YBL 钢承板等。

（1）压型钢板组合楼板

压型钢板组合楼板是由压型钢板与混凝土形成的组合楼板，分为组合楼板和非组合楼板，如图 2-10（a）所示，具体内容包括：

1）组合楼板是指压型钢板除用作浇筑混凝土的模板外，还充当板底筋的作用，其钢板厚度应不小于 0.75mm。组合楼板使用阶段考虑底模的受拉作用，或采用底模和板底钢筋共同受力的双向板设计；板厚取压型钢板凸起面至板顶面的厚度。钢梁与压型钢板之间需设置抗剪连接件，以保证楼板与钢梁的组合作用。

2）非组合楼板是指压型钢板仅作为混凝土模板，不考虑参与使用阶段结构受力，使用阶段设计方法同混凝土楼板。底模冷轧钢板厚度一般为 0.8~1.20mm，板厚大于 1.2mm 时，栓钉和钢梁焊接过程中无法焊透压型钢板与钢梁形成可靠连接。因此，一般不采用更厚的压型钢板。

（2）钢筋桁架楼承板

钢筋桁架楼承板是指钢筋桁架与底板通过电阻点焊连接成整体的组合承重板。其中，钢筋桁架主要是以钢筋为上弦、下弦及腹杆，通过电阻点焊连接而成的桁架，如图 2-10（b）所示。装配式钢筋桁架楼承板可显著减少现场钢筋绑扎工程量，加快施工进度，实现机械化生产，大大提高劳动生产率，有效降低成本，有利于钢筋排列间距均匀、混凝土保护层厚度一致，提高了楼板的施工质量，增加施工安全，实现文明施工。装配式模板和连接件拆装方便，可多次重复利用，节约钢材，符合国家节能环保的要求。钢筋桁架楼承板设计时，桁架上弦筋及下弦筋可作为楼板顶筋及底筋与混凝土共同作用，可不考虑钢筋桁架整体、桁架腹杆及底模的组合作用。

（a）压型钢板组合楼板

（b）钢筋桁架楼承板

（c）钢筋桁架混凝土叠合板

（d）YBL 钢承板

图 2-10　钢框架结构组合楼板

（3）钢筋桁架混凝土叠合板

钢筋桁架混凝土叠合板是指由预制底板和上部现浇混凝土叠合层共同组成的楼板体系，如图 2-10（c）所示。钢筋混凝土预制底板作为楼板的一部分，在施工阶段作为现浇混凝土叠合层提供模板支承作用，承受施工荷载，之后与现浇混凝土层形成整体的叠合混凝土构件。设计时，在现浇叠合层混凝土未达到强度设计值之前，预制板、叠合层自重以及施工等荷载由预制构件承担，按单向简支板计算；在叠合层混凝土达到设计强度后，叠合板计算方式同普通混凝土板。

（4）YBL 钢承板

YBL 钢承板是由压型钢板和钢筋桁架组成，全部现场浇筑混凝土，如图 2-10（d）所示。施工阶段压型钢板底模和钢筋桁架共同受力，使用阶段不考虑压型钢板底模受力。YBL 钢承板的宽度为 915mm，跨度一般不超过 5m，基板厚度为 0.5～1.5mm，板总厚度 ≥ 120mm。YBL 钢承板具有安装与运输方便、自重轻、跨度大、免支撑、板底无焊点、减少钢梁用量和楼板自重、节省混凝土、降低工程造价等优点。

2. 设计方法

当钢梁与楼板完全抗剪连接时，组合梁的受弯承载力包括正弯矩作用区段和负弯矩作用区段，具体应符合下列规定：

（1）正弯矩作用区段

1）如图 2-11（a）所示，当塑性中和轴在混凝土翼缘板内时：

$$M \geq b_e x f_c y \tag{2-6}$$

$$x = A f / (b_e f_c) \tag{2-7}$$

式中，M——正弯矩设计值；

A——钢梁的截面面积；

b_e——混凝土梁板的有效宽度；

x——混凝土梁板受压区高度；

y——钢梁截面应力的合力至混凝土受压区截面应力的合力间的距离；

f_c——混凝土抗压强度设计值。

2）如图 2-11（b）所示，当塑性中和轴在钢梁截面内时：

$$M \leq b_e h_{c1} f_c y_1 + A_c f y_2 \tag{2-8}$$

$$A_c = 0.5 (A - b_e h_{c1} f_c / f) \tag{2-9}$$

式中，A_c——钢梁受压区截面面积；

y_1——钢梁受拉区截面形心至混凝土翼板受压区截面形心的距离；

y_2——钢梁受拉区截面形心至钢梁受压区截面形心的距离。

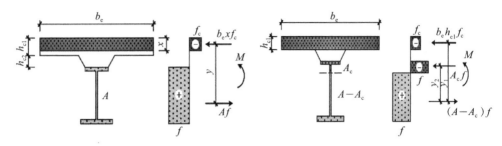

（a）中和轴在混凝土翼缘板内　　　　　（b）中和轴在钢梁截面内

图 2-11　正弯矩作用区段组合梁的受弯简图

（2）负弯矩作用区段

组合梁在负弯矩作用区段的受力如图 2-12 所示。

$$M' \leqslant M_s + A_{st}f_{st}(y_3 + y_4/2) \qquad (2\text{-}10)$$

$$M_s = (S_1 + S_2)f \qquad (2\text{-}11)$$

$$f_sA_{st} + f(A - A_c) = fA_c \qquad (2\text{-}12)$$

式中，M'——负弯矩设计值；

S_1、S_2——钢梁塑性中和轴以上和以下截面对该轴的面积矩；

f_{st}、A_{st}——钢筋抗拉强度设计值、截面面积；

y_3——纵向钢筋截面形心至组合梁塑性中和轴的距离；

y_4——组合梁塑性中和轴至钢梁塑性中和轴的距离。当组合梁塑性中和轴在钢梁腹板内时，取 $y_4 = A_{st}f_{st}/(2t_wf)$，当该中和轴在钢梁翼缘内时，可取 y_4 等于钢梁塑性中和轴至腹板上边缘的距离。

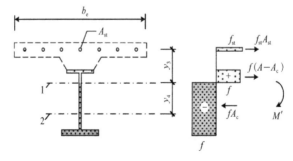

图 2-12　负弯矩作用区段组合梁的受弯简图

1、2—组合梁塑性中和轴、钢梁塑性中和轴

2.4.4　基于性能的塑性设计

1. 侧向力分布

（1）能量平衡法

基于性能的塑性设计方法，需预先确定钢框架—偏心支撑结构在罕遇地震作用下的目标位移和破坏机理。根据能量相等原则，使结构在目标位移下所做的功与非弹性反应下各构件所耗散的能量相等，如图 2-13 所示。因此，通过预先选定结构目标位移与屈服机制，可得到结构塑性能量 E_p 为：

$$E_p = \frac{WT^2g}{8\pi^2}\left[\gamma\alpha_1^2 - \left(\frac{V}{W}\right)^2\right] = \sum_{i=1}^{n} F_i h_i \theta_p \qquad (2\text{-}13)$$

式中，V、W、g——分别为结构总剪力、总重量、重力加速度；

$\quad\quad\quad \gamma$——能量修正系数；

$\quad\quad\quad \alpha_1$——地震影响系数；

$\quad\quad\quad T$——自振周期；

$\quad\quad\quad \theta_p$——层间位移角；

$\quad F_i$、h_i——分别为第 i 层剪力、高度。

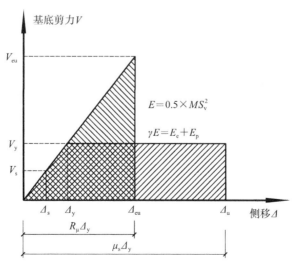

图 2-13　基于性能的塑性设计的能量平衡图

（2）各楼板剪力分布方式

基于功能平衡原理和侧向力分布方式，可得到各楼层剪力与顶层剪力关系为：

$$\beta_i = \frac{F_i}{F_n} = \left(\frac{\sum_{j=1}^{n} W_j h_j}{W_n h_n} \right)^{0.75 T^{-0.2}} \tag{2-14}$$

式中，β_i——剪力分布系数；

F_i、F_n——分别为第 i 层和顶层剪力；

W_j、W_n——分别为第 j 层和顶层重量；

h_j、h_n——分别为第 j 层和顶层高度；

T——结构的周期。

钢结构—偏心支撑结构中，第 i 层的楼层剪力可表示为：

$$F_i = (\beta_i - \beta_{i+1}) F_n = (\beta_i - \beta_{i+1}) \left(\frac{W_n h_n}{\sum_{j=1}^{n} W_j h_j} \right)^{0.75 T^{-0.2}} \cdot V \tag{2-15}$$

（3）基底剪力

通过预先选定钢框架—偏心支撑结构的目标位移和屈服机理，可得到外力引起的塑性能量表示为：

$$E_p = \sum_{i=1}^{n} F_i h_i \theta_p \tag{2-16}$$

式中，θ_p——结构的非弹性层间位移角。

将式（2-13）代入式（2-16），可得 V/W 的表达式为：

$$\frac{V}{W} = \frac{-\lambda + \sqrt{\lambda^2 + 4\gamma \alpha_1^2}}{2} \tag{2-17}$$

式中，V——结构的基底剪力；

λ——无量纲参数。

当结构各楼层高度和质量一定时，λ 主要与结构自振周期 T 和目标侧移 $\theta_p h_n$ 有关，具体表示为：

$$\lambda = \left(\sum_{i=1}^{n} (\beta_i - \beta_{i+1}) h_i \right) \left(\frac{W_n h_n}{\sum_{j=1}^{n} W_j h_j} \right)^{0.75 T^{-0.2}} \cdot \left(\frac{8\pi^2 \theta_p}{T^2 g} \right) \tag{2-18}$$

2. 框架梁的设计

如图 2-14 所示，假设每层梁两端首先屈服并耗散大量能量，随后底层柱底也出现塑性铰，可使钢框架结构在罕遇地震下耗散更多的地震能量。梁与柱底所耗散的能量与外力所做的功相等，由此可得到各层梁所需塑性弯矩的大小：

$$\sum_{i=1}^{n} F_i h_i \theta_{\mathrm{p}} = \sum_{i=1}^{n} 2M_{\mathrm{pb}i}\theta_{\mathrm{p}} + 2M_{\mathrm{pc}}\theta_{\mathrm{p}} \qquad (2\text{-}19)$$

式中，$M_{\mathrm{pb}i}$——第 i 层梁的塑性弯矩；

$\quad\quad M_{\mathrm{pc}}$——底层柱的塑性弯矩。

$M_{\mathrm{pb}i}$ 可表示为 $\beta_i M_{\mathrm{pb}n}$，$M_{\mathrm{pb}n}$ 是顶层梁所需的塑性弯矩。由于各楼层沿高度方向的强度需与楼层剪力的分布相同较为合理。式（2-19）可改写成：

$$\sum_{i=1}^{n} F_i h_i = \sum_{i=1}^{n} 2\beta_i M_{\mathrm{pb}n} + 2M_{\mathrm{pc}} \qquad （2\text{-}20）$$

假设各楼层仅有部分梁端发生屈服并耗能，即考虑结构耗能折减系数 η，并建议取 0.5~1.0。通过考虑 η 值可增大钢梁和钢柱截面，并使所设计的结构更容易达到预期性能和满足规范要求。式（2-20）可表示为：

$$\sum_{i=1}^{n} F_i h_i = \sum_{i=1}^{n} 2\eta\beta_i M_{\mathrm{pb}n} + 2M_{\mathrm{pc}} \qquad （2\text{-}21）$$

假设最底层柱的上、下端均出现塑性铰，考虑底层柱的塑性变形与剪力所做功相等的原则，可表示为：

$$\phi h_1 \theta V/2 = 2M_{\mathrm{pc}}\theta \qquad （2\text{-}22）$$

式中，M_{pc}——底层柱塑性弯矩；

$\quad\quad V$——结构基底剪力；

$\quad\quad h_1$——底层高度；

$\quad\quad \phi$——考虑构件硬变强化引起的超强系数，建议取 1.1；

$\quad\quad \theta$——转角。

M_{pc} 可表示为：

$$M_{\mathrm{pc}} = 1.1Vh_1/4 \qquad （2\text{-}23）$$

当底层柱的塑性弯矩和各楼层的剪力已知时，可得到顶层梁及各楼层梁的塑性弯矩，并确定其他楼层梁截面的大小。

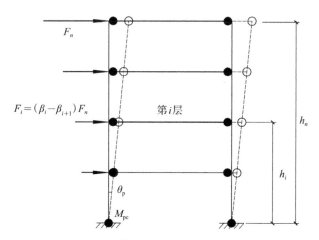

图 2-14　预先选定的目标位移和屈服机理下的钢框架

3. 框架柱的设计

考虑边柱和中柱的隔离体，如图 2-15 所示。为更好地实现钢框架结构中预期的"强柱弱梁"，各楼层柱的内力应在框架梁内力的基础上乘以放大系数。由于增加了结构强度，需重新计算柱隔离体中各楼层的侧向力。此时，各楼层边柱和中柱的剪力 F_{bi} 及 F_{zi} 的分布方式与各楼层梁的内力分布方式相同。

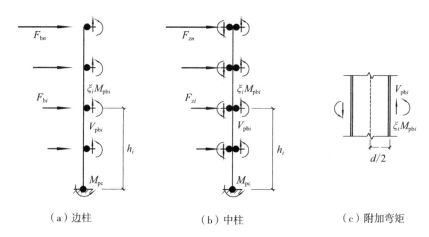

（a）边柱　　　　　　　（b）中柱　　　　　　　（c）附加弯矩

图 2-15　框架柱的隔离体图

结合图 2-15（a）和图 2-15（c），对于边柱，根据弯矩平衡方程可得：

$$F_{bn} = \frac{\sum\limits_{i=1}^{n} \xi_i M_{pbi} + \sum\limits_{i=1}^{n} \left(\frac{V_{pbi}\, d}{2} \right) + M_{pc}}{\sum\limits_{i=1}^{n} (\beta_i - \beta_{i+1}) h_i} \qquad (2\text{-}24)$$

式中，F_{bn}——顶层边柱的剪力；

$\qquad V_{pbi}$——第 i 层梁端的塑性剪力，等于 $2M_{pbi}/L_i$；

$\qquad L_i$——第 i 层梁的长度；

$\qquad d$——柱截面的高度；

$\qquad \xi_i$——第 i 层内力放大系数，建议取 $1.0 \sim 1.1$。

　　结合图 2-15（b），对于中柱，根据弯矩平衡方程可得：

$$F_{zn} = \frac{\sum\limits_{i=1}^{n} \xi_i (M_{pbzi} + M_{pbyi}) + \frac{d}{2} \sum\limits_{i=1}^{n} (V_{pbzi} + V_{pbyi}) + M_{pc}}{\sum\limits_{i=1}^{n} (\beta_i - \beta_{i+1}) h_i} \qquad (2\text{-}25)$$

式中，　F_{zn}——顶层中柱的剪力；

M_{pbzi}、M_{pbyi}——分别为第 i 层梁左端和右端的塑性弯矩；

V_{pbzi}、V_{pbyi}——分别为第 i 层梁左端和右端的塑性剪力。

　　重新确定边柱和中柱隔离体的顶层剪力 F_{bn} 与 F_{zn} 后，各层边柱弯矩可表示为：

$$M_{cb}(h) = \sum_{i=1}^{n} \delta_i \xi_i M_{pbi} + \frac{d}{2} \sum_{i=1}^{n} \delta_i V_{pbi} - \sum_{i=1}^{n} \delta_i F_{bi} (h_i - h) \qquad (2\text{-}26)$$

式中，$M_{cb}(h)$——距地面高度为 h 处边柱的塑性弯矩；

$\qquad F_{bi}$——各楼层剪力值，等于 $(\beta_i - \beta_{i+1}) F_{bn}$；

$\qquad \delta_i$——阶梯函数，可表示为：

$$\begin{cases} \delta_i = 1, & h \leqslant h_i \\ \delta_i = 0, & h > h_i \end{cases} \qquad (2\text{-}27)$$

　　各楼层中柱的弯矩可表示为：

$$M_{cz}(h) = \sum_{i=1}^{n} \delta_i \xi_i (M_{pbzi} + M_{pbyi}) + \frac{d}{2} \sum_{i=1}^{n} \delta_i (V_{pbzi} + V_{pbyi}) - \sum_{i=1}^{n} \delta_i F_{zi} (h_i - h)$$

$$(2\text{-}28)$$

式中，$M_{cz}(h)$——距地面高度 h 处中柱塑性弯矩；

F_{zi}——各楼层剪力值。

距地面高度为 h 处柱的轴力可表示为：

$$P_c(h) = \sum_{i=1}^{n} \delta_i V_{pbi} + \sum_{i=1}^{n} \delta_i P_{cgi}(h) \qquad (2\text{-}29)$$

式中，$P_c(h)$、$P_{cgi}(h)$——分别为距地面高度为 h 处柱的轴力和荷载、自重对柱产生的轴力。

在分别确定框架柱的轴力和弯矩后，可对柱进行塑性设计。

2.5 装配式钢结构构件生产、运输与施工

2.5.1 钢构件生产

1. 生产设备

装配式钢结构建筑部品构件的生产常用操作设备包括等离子切割机、光纤激光切割机、逆变空气等离子切割机、H 型钢自动焊接机、H 型钢系列抛丸清理机、液压闸式剪板机、翼缘矫正机、自动翻转机、抛丸机、喷涂机等。

（1）等离子切割机

等离子切割机是利用高温等离子电弧的热量使钢板切口处的金属局部熔化，并借高速等离子的动量排除熔融金属，由此形成切口的一种加工方法，如图 2-16（a）所示。等离子切割机可以切割各种形状和厚度的钢板，主要包括一般切割和空气切割。

（2）光纤激光切割机

光纤激光切割机是利用光纤激光发生器作为光源的激光切割机，如图 2-16（b）所示。主要特点包括：精度高、速度快、切缝窄、热影响区最小，切割面光滑无毛刺；激光切割头不会与材料表面相接触，不划伤工件；加工柔性好，可以加工任意图形，亦可以切割管材及其他异形材；可以对钢板、不锈钢、铝合金板、硬质合金等任何硬度的钢材材质进行无变形切割。

（a）等离子切割机

（b）光纤激光切割机

（c）逆变空气等离子切割机

（d）H 型钢自动焊接机

（e）H 型钢系列抛丸清理机

（f）液压闸式剪板机

图 2-16　钢结构构件主要生产设备

（3）逆变空气等离子切割机

逆变空气等离子切割机可应用于钢材、铝材、铜材的切割，适用范围广泛，节约，安全，如图 2-16（c）所示。具体包括：可对金属板材进行任意曲线切割；优化的切割枪冷却方式，可大幅延长配件寿命；切割电流连续可调，准确直观，且内置过流、过热、过压、欠压等保护电路，操作安全。

（4）H 型钢自动焊接机

H 型钢自动焊接机是一种高效、自动化的焊接设备，如图 2-16（d）所示。主要采用电弧熔化焊接方式，焊接电源输出高电流，使两块 H 型钢的边缘迅速熔化，形成熔池，在压力作用下，熔池凝固形成焊接接头。在焊接过程中，焊接主机的水冷系统不断冷却焊接电极，延长其使用寿命。输送装置带动焊接件移动，实现连续焊接。定位装置和夹具准确固定焊接件，保证焊接精度。

（5）H 型钢系列抛丸清理机

H 型钢系列抛丸清理机是一种通过式自动抛丸清理设备，如图 2-16（e）所示，可用于焊接构件、H 型钢、钢板以及其他型材的表面清理、强化。产品经抛丸清理后可以去除工件表面锈蚀、清理结构件上的焊渣和减弱工件的焊接应力，提高工件的抗疲劳强度，增加工件喷漆时的漆膜附着力等。

（6）液压闸式剪板机

剪板机是机械加工中应用比较广泛的一种剪切设备，它能剪切各种厚度的钢板材料。液压闸式剪板机采用自由弯曲时，弯曲半径为凹模开口距的 0.156 倍，如图 2-16（f）所示。在自由弯曲过程中，凹模开口距应是金属材料厚度的 8 倍。剪切厚度小于 10mm 的剪板机多为机械传动，大于 10mm 的为液压传动。

2. 自动化设备的优势

智能生产线设备的运用，是为了避免传统钢结构设备企业同质化严重、低价竞争、对操作工依赖大，人工劳动强度大、生产成本高、安全事故率高、焊接成型质量差等不利因素。针对全球经济下滑、传统市场总量萎缩、房地产危机显现、开发区危机潜伏的现状，响应国家转型升级"智能制造"文件精神，使用智能化生产线设备也是大势所趋。自动化设备具体优势包括：

（1）数据处理方面：采用参数化人机界面，可方便设置加工规格及各项工艺参数。

（2）构件组立方面：采用自动送料、翻料、自动对齐、"三板"同时点焊的方式进行 H 型钢的卧式快速组立。

（3）构件焊接方面：根据焊接工艺要求，采用自动分料系统，自动输送到相应工位进行埋弧焊接。采用"横角焊"和"船形焊"两种焊接模式，系统根据 H 型钢不同腹板的厚度，自动选取最优的焊接模式以实现快速焊接和自动翻转。

（4）构件矫正方面：采用液压动力，矫正机上的两套矫正轮同时对 H 型钢的两块翼缘板进行快速矫正，并保护设备不因过载而导致设备损坏。

（5）工艺流程布置合理：组立机采用卧式组立，一次成型。效率高，吊装少；长距离输送辊道两侧设有导向装置，保证输送顺利；控制操作相对集中，便于提高人员利用率；输送辊道为分段驱动，防止输送堵塞。

（6）自动化、智能化设备具有设计先进、结构合理、性能优越等诸多优点，可有效避免企业扩产就要加人、加设备、加场地等传统做法，快速实现质量优、效率高、标准高、成本低等目标，显著提高市场竞争力。

2.5.2 钢构件运输与堆放

1. 钢构件的运输

钢构件的运输长度应根据道路规定、交通限制、车辆承载能力等因素综合考虑，保证运输安全和运输成本合理，由此更好地发挥装配式钢结构在建筑工程中的优势和重要性。

（1）钢构件运输长度的影响因素

钢构件的运输长度需要综合考虑多种因素。主要影响因素包括：

1）道路规定：不同地区的道路规定有所不同，需要根据实际情况进行选择。

2）交通限制：比如限高、限宽等限制条件。

3）车辆承载能力：不同车辆承载能力不同，需要根据实际载重情况进行选择。

4）运输成本：运输成本与运输长度成正比，需要合理选择运输长度。

5）交通运输安全：长时间行驶对钢构件影响较大，需要考虑交通安全问题。

（2）钢构件运输长度的选择

钢构件的运输长度应该根据实际情况进行选择。综合考虑交通限制和车辆承载能力因素，钢构件的运输长度不宜超过 12m，否则需要进行特殊的运输手段。

另外，在选择钢构件运输长度的时候，还需要注意以下问题：

1）钢构件的长度、重量等参数是否符合道路运输规定。

2）钢构件的固定方法是否可靠，是否能够保证在长途运输中的安全。

3）不同运输模式下的运输成本和时间成本，应该进行综合考虑。

（3）其他问题

在钢构件运输过程中，还需要注意以下问题：

1）钢构件在运输过程中需要固定牢固，减少振动和碰撞对构件造成的损伤。

2）钢构件的表面需要进行防锈处理，以避免长时间运输过程中可能造成的腐蚀。

3）钢构件运输过程中需要遵守相关的交通规定，确保交通安全。

4）钢构件运输过程中需要事先准备好相关的运输手续，确保合法运输。

另外，对于特殊超大钢构件的运输，需提前规划全过程运输路线并进行实地勘察，实地复核沿途经过的立交桥、收费站、桥梁涵洞、信号灯及交通标识牌等车辆通过性、承受荷载等。当道路运输受限严重，可适当考虑通过以水运为主、道路为辅，实地勘察沿线码头、江河桥梁通过性，码头装卸机械设备能力等。

2. 钢构件的堆放

钢构件一般要堆放在工厂的堆放场和现场的堆放场。构件堆放场地应平整坚实，无水坑、冰层，地面平整干燥，并应排水通畅，有较好的排水设施，同时堆放场地有车辆进出的回路。钢构件应按种类、型号、安装顺序划分区域，插竖标识牌。钢构件底层垫块要有足够的支承面，不允许垫块有大的沉降量，堆放的高度应有计算依据，以最下面的构件不产生永久变形为准，不得随意堆高。钢结构产品不得直接置于地上，要垫高 200mm。

钢构件在堆放中，发现有变形不合格的构件，则严格检查，进行矫正，然后堆放。不得把不合格的变形构件堆放在合格的构件中，否则会大大影响安装进度。对于已堆放好的构件，要派专人汇总资料，建立完善的进出厂动态管理，严禁乱翻、乱移。另外，对已堆放好的构件进行适当保护，避免风吹雨打、日晒夜露；不同类型的钢构件一般不堆放在一起，且同一工程的钢构件应分类堆放在同一地区，便于装车发运。

2.5.3　钢结构施工

1. 安装施工条件及要求

装配式钢结构建筑在安装前需满足以下安装条件及要求：

（1）钢结构的安装程序必须确保结构的稳定性和不导致永久的变形。

（2）确保安装支座或基础验收均合格。

（3）钢构件安装前，应清除附在表面上的灰尘、油污和泥土等杂物。

（4）现场堆放的钢构件必须满足拼装及顺序安装的要求。

（5）若构件需要在现场制孔、组装和连接等，质量需满足有关规定。

（6）对现场损坏或变形的构件，应予以矫正或重新加工；被碰坏、损坏的防腐底漆等应及时补涂，并重新验收合格。

（7）施工现场的基础和地脚螺栓应准确定位，基础混凝土强度需达到设计要求，周围回填夯实完毕。

2. 安装施工原则

（1）框架柱在安装前应先调整标高和位移等，再调整垂直偏差。

（2）当由多个构件在地面拼接为扩大安装单元并进行安装时，其吊点应经过计算确定。

（3）钢构件的零件及附件应随构件一同起吊。尺寸较大、质量较重的节点板，可以用铰链固定在构件上。

（4）钢柱、钢梁和钢支撑等大构件安装时，应随即进行校正。

（5）当天安装的钢构件应形成空间稳定体系，避免单个构件悬空。

（6）当采用内爬式塔式起重机或外附着式塔式起重机进行高层建筑钢结构安装时，起重机与结构相连接的附着装置应进行验算，并采取相应的安装技术措施。

（7）一节柱的各层梁安装完成后，宜立即安装本节柱范围内的楼梯，并铺设各层楼面的压型钢板。

（8）安装外墙板时，应根据建筑物的平面形状对称安装。

（9）一个流水段一节柱的全部钢构件安装完毕并验收合格后，方可进行下一流水段的安装工作。

3. 安装施工要点

（1）塔式起重机选择

1）起重机性能：根据吊装范围的最重构件、位置及高度，选择相应塔式起重机最大起重力矩起重量、回转半径及起重高度，并考虑高空作业时的抗风性能、起重卷扬机滚筒对钢丝绳的容绳量、吊钩的升降速度。

2）起重机数量：根据建筑物平面、现场施工条件、施工进度、塔式起重机性能等，确定起重机数量。在满足起重性能的情况下，尽量做到就地取材。

3）起重机类型选择：凡多层及高层钢结构施工，其主机选用自升式塔式起重机，主要包括内爬式塔式起重机和外附着式塔式起重机两种。

（2）吊装顺序

竖向构件标准层的钢柱一般为主要构件，它受起重机能力、制作、运输的限制，钢柱一般为 2～4 层 1 节。对框架平面而言，除考虑结构本身刚度外，还需考虑塔式起重机爬升过程中框架稳定性及吊装进度，并进行流水段划分。

（3）钢柱的安装

1）钢柱起吊时应垂直，尽量做到回转扶直。在起吊回转过程中，应避免与其他已经安装的构件相撞。

2）吊索应预留有效的高度，起吊扶直前将登高爬梯和挂篮等挂设在钢柱预定位置上，并绑扎牢固后临时固定地脚螺栓，以及校正垂直度。

3）钢柱校正主要是控制钢柱的水平标高、T 字轴线位置和垂直度。

4）钢柱垂直度允许偏差为 $h/1000$（h 为柱高），但不大于 20mm。中心线对定位轴线的位移不得超过 5mm，上、下柱接口中心线位移不得超过 3mm。

5）多节钢柱校正比普通钢柱校正更为复杂，实际操作中要对每根钢柱下节柱重复多次校正。

（4）钢梁的安装

1）同一列钢柱的框架梁从中间跨开始对称地向两端扩展；同一跨钢梁，先安装上层梁，再安装中、下层梁。

2）安装钢柱与柱之间的主梁时，测量必须跟踪校正，预留偏差值、接头焊接收缩量。

3）同一节柱内钢梁与钢柱接头应先焊接上层梁，再焊接中、下层梁。

4）梁柱接头焊接完毕后，焊接柱与柱接头。

（5）构件接头施工

钢结构现场接头主要包括柱与柱、柱与梁、主梁与次梁、梁与梁等，可采用全螺栓连接和栓焊结合的方式连接。

1）多层、高层钢结构的现场焊接顺序应按照力求减少焊接变形和降低焊接应力的原则加以确定。

2）当节点或接头采用腹板栓接、翼缘焊接形式时，翼缘焊接宜在高强度螺栓终拧后进行。

3）钢柱之间常采用坡口电焊连接。上节柱和梁经校正及固定后再进行柱接头焊接。柱与柱接头焊接宜在本层梁与柱连接完成后进行。

4）主梁与钢柱的连接一般为刚接，上下翼缘用坡口电焊连接，腹板可采用高强度螺栓连接。

5）主梁与次梁之间一般为铰接，基本上在腹板处用高强度螺栓连接，只有少量在上、下翼缘处用坡口电焊连接。

第3章 装配式钢框架—中心支撑结构体系

3.1 基本设计原则

3.1.1 布置原则

装配式钢框架结构依靠梁柱受弯承受荷载，其侧向刚度相对较小。当结构的高度较大时，在风或地震作用下，装配式钢框架结构的抗侧刚度难以满足设计要求，或结构梁柱截面过大并失去经济合理性，此时可在框架中布置支撑形成框架—中心支撑结构体系。装配式钢框架—中心支撑结构体系是由装配式钢框架结构体系演变来的，即在钢框架体系中部分框架柱之间设置竖向钢支撑，形成若干榀带竖向中心支撑的钢框架—中心支撑结构，如图3-1所示。

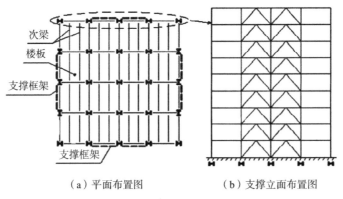

（a）平面布置图　　　　　　（b）支撑立面布置图

图 3-1 钢框架—中心支撑结构布置

水平荷载作用下，通过刚性楼板或弹性楼板的变形协调与刚接框架共同工作，形成双重抗侧力的结构体系，称为框架—中心支撑体系。罕遇地震下，钢框架—中心支撑结构中，钢支撑首先出现失稳、屈服甚至失效现象，充当第一道抗震防线；抗弯钢框架为抗震设防的第二道防线。两道抗震设防线的设计理念符合现代结构抗震设计思想，因此，该类结构在多高层钢结构建筑中得到广泛应用。

3.1.2　结构类型

普通中心支撑为轴线受力杆件，一般长细比较大，在轴压作用下杆件产生屈曲。根据其受力特点，中心支撑杆件样式众多，包括十字交叉形、单斜杆形、人字形、V 形、K 形等类型，如图 3-2 所示。

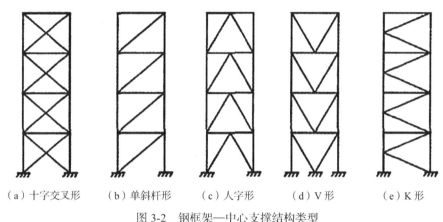

（a）十字交叉形　（b）单斜杆形　（c）人字形　（d）V 形　（e）K 形

图 3-2　钢框架—中心支撑结构类型

3.1.3　变形特点

1. 钢支撑的变形

钢框架—中心支撑结构中，钢支撑主要是以轴力为主，可当作二力杆，如图 3-3（a）所示。钢支撑受力简单，但普通支撑受压可能屈曲，支撑杆产生弯曲弹性及弹塑性变形，如图 3-3（b）所示。钢支撑受压与轴向变形 δ 关系较为复杂，主要特征为：

（1）钢支撑首次受压屈曲后，第二次及后续受压屈曲时荷载明显下降。

（2）钢支撑受压屈曲后发生弯曲，钢支撑的刚度作用较小。

（3）钢支撑滞回曲线中，受压承载力明显低于受拉承载力，严重影响构件的耗能能力，如图 3-4 所示。

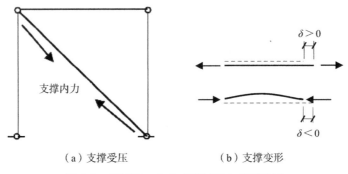

（a）支撑受压　　　　　　　　　　（b）支撑变形

图 3-3　钢框架—中心支撑结构中支撑受压

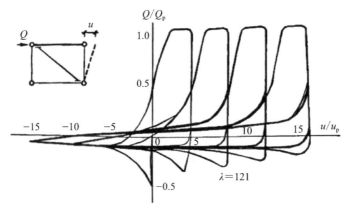

图 3-4　普通钢支撑滞回曲线

2. 支撑系统的变形

装配式钢框架—中心支撑结构中，假设将所有框架合并为总框架，所用支撑合并为总支撑。图 3-5 为钢框架—中心支撑结构计算简图。在抵抗水平荷载的倾覆力矩作用时，总支撑系统中柱的作用与桁架的弦杆类似［图 3-6（a）］。在抵抗水平剪力时，总支撑系统中的支撑杆与梁和桁架腹杆类似［图 3-6（b）］，其中弦杆的受压或受拉取决于其倾斜方向。一般来说，总支撑系统的组合变形是以整体弯曲变形为主，另有小部分剪切变形，如图 3-6（c）所示。

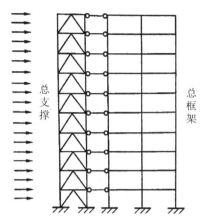

图 3-5　钢框架—中心支撑结构计算简图

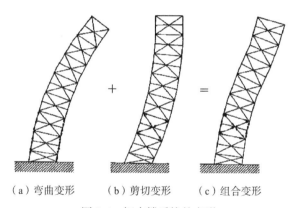

（a）弯曲变形　　（b）剪切变形　　（c）组合变形

图 3-6　钢支撑系统的变形

3. 钢框架—中心支撑结构受力变形

　　水平荷载作用下，钢框架—中心支撑结构的支撑系统部分是弯曲型结构，底部层间位移小，而顶部层间位移较大［图 3-7（a）］；框架部分是剪切型结构，底部层间位移大，顶部层间位移较小［图 3-7（b）］。两者并联且协同工作，可以明显减小建筑物下部的层间位移。此时，结构顶部层间位移也不至过大，其侧移曲线形成反 S 形，如图 3-7（c）所示。

　　钢框架—中心支撑结构中，钢支撑是弯曲变形，钢框架是剪切变形，两者并联，如图 3-8（a）、图 3-8（b）所示。在钢支撑与框架之间产生相互作用力，结构上部为推力，下部为拉力，如图 3-8（c）所示。层间剪力在支撑与框架两部分的分配比例随高度变化。结构中下部位，支撑承担大部分剪力，框架承担小部分剪力；结构顶部基层，框架承担全部剪力与支撑给予框架的方向剪力之和，这两部分剪力小于底部总剪力的 30%。

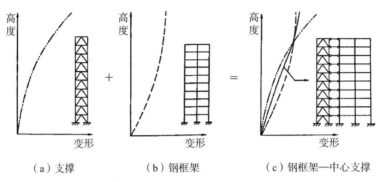

（a）支撑　　　　　（b）钢框架　　　　　（c）钢框架—中心支撑

图 3-7　钢框架—中心支撑结构的变形分析

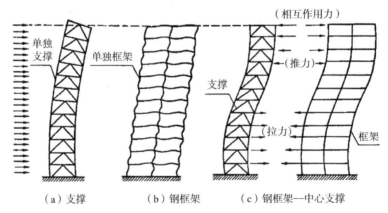

（a）支撑　　　　　（b）钢框架　　　　　（c）钢框架—中心支撑

图 3-8　钢框架—中心支撑结构的相互作用

3.1.4　内力分布特点

对于钢梁与钢柱刚接及支撑两端铰接的支撑框架，其与竖向悬臂桁架有较多类似之处。在水平和竖向荷载下，不同支撑类型的装配式钢框架—中心支撑结构的内力分布特征如下所述。

1. 水平荷载作用

图 3-9 为单斜杆支撑、十字交叉支撑、人字形支撑构成的竖向悬臂桁架，在

水平荷载作用下，倾覆力矩与柱轴力力偶形成平衡力矩关系。表 3-1 列出三种支撑类型杆件内力的近似表达式。

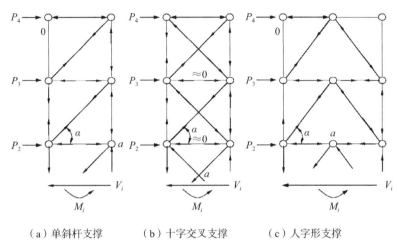

（a）单斜杆支撑　　　　（b）十字交叉支撑　　　　（c）人字形支撑

图 3-9　对 a 点处倾覆力矩与轴力力偶的平衡关系

表 3-1　三种支撑类型杆件内力的近似表达式

支撑类型		横杆轴力 N_h	斜杆轴力 N_d	弦杆轴力 N_c
单斜杆支撑	近似表达式	$N_h = V_i$	$N_d = V_i / \cos\alpha$	$N_c \approx M_i / B$
	压杆或拉杆	压杆	拉杆	左拉右压
十字交叉支撑	近似表达式	$N_h \approx 0$	$N_d \approx V_i / (2\cos\alpha)$	$N_c = M_i / B$
	压杆或拉杆	轴力很小的压杆	左压右拉	左拉右压
人字形支撑	近似表达式	$N_h \approx V_i / 2$	$N_d \approx V_i / (2\cos\alpha)$	$N_c \approx M_i / B$
	压杆或拉杆	左压右拉	左拉右压	左拉右压

注：B 为桁架宽度，α 为斜杠倾角（斜杆与水平杆夹角）。

由图 3-9 及表 3-1 可知，悬臂桁架的内力分布规律如下：

（1）钢梁是对左右节点传递水平力的杆件，它的内力值与钢支撑类型有关，单斜杆支撑桁架中的横杆轴力最大。

（2）斜杆是直接承担水平剪力的杆件，它的内力值基本上与楼层水平剪力成正比，与楼层内斜杠数量成反比，也与斜杆的倾角 α 有关。

（3）钢柱是承担倾覆力矩的直接轴力杆，它的内力值与倾覆力矩成正比，与桁架宽度成反比。

2. 竖向荷载作用

当钢柱的上下端节点上作用竖向荷载时，由于钢柱产生轴向变形或节点荷载值差异，钢支撑斜杆及钢梁均将产生轴向力。因此，对于抗震设计的装配式钢框架—中心支撑结构，应采取措施使钢支撑不承担过多的竖向力，以免在地震作用下斜压屈后将部分竖向荷载转移至柱上，进而影响钢柱的承载力与安全性。

3.2 防支撑受压屈曲

3.2.1 结构失效模式

装配式钢框架—中心支撑结构体系具有较大的整体刚度和较小的水平位移，容易满足结构的使用功能要求和降低地震作用时的非结构损坏。设置中心支撑使结构的自振周期降低，会较大地增加水平地震作用。历次震害表明，设置中心支撑往往可以减小钢柱承受的地震剪力，但中心支撑对其轴力的影响却很大。中心支撑刚度越强，支撑吸引的地震作用越大，对与支撑杆相连的钢梁柱的影响也越大。图 3-10（a）为某次地震中出现的与支撑杆相连底层柱底发生屈曲；图 3-10（b）为地震作用下中心支撑常出现支撑屈曲、屈服、断裂，是中心支撑结构中典型的破坏模式；图 3-10（c）为钢支撑与支撑端部连接处发生的破坏。

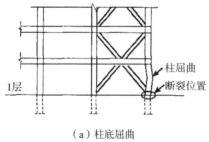

（a）柱底屈曲　　　　　　（b）支撑断裂　　　　　（c）连接破坏

图 3-10　装配式钢框架—中心支撑结构破坏模式

3.2.2　屈曲约束支撑

1. 基本组成

为防止装配式钢框架—中心支撑结构中钢支撑的受压屈曲，需增大钢支撑截面面积，但同时会增大钢框架结构的截面尺寸，降低结构的经济性，且无法保证钢支撑在强震作用下不发生屈曲。屈曲约束支撑是一种在拉、压状态下均不发生屈曲破坏的构件，且滞回曲线饱满，可用于抗震设防烈度较高的高层建筑结构中。

屈曲约束支撑是由内核单元（芯材）、约束单元和两者之间的无粘结构造层组成，如图 3-11 所示。其中，内核单元包括约束屈服段、约束非屈服段、无约束非屈服段，如图 3-12 所示。

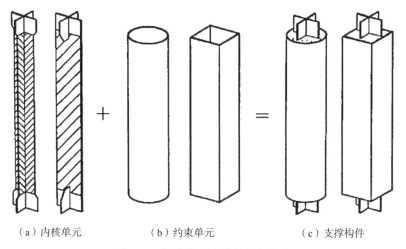

　　（a）内核单元　　　　　　（b）约束单元　　　　　　（c）支撑构件

图 3-11　屈曲约束支撑的基本构成

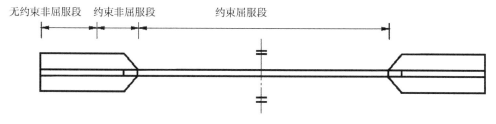

图 3-12　内核单元的基本构成

约束屈服段的截面可以是多样的，所用的材料一般是延性较好的中低屈服点钢材，也可以使用高强度低合金钢，以满足往复荷载作用下性能稳定的要求。约束非屈服段是约束屈服段的延伸部分，通常用螺栓和节点板将该部分与框架连接，也可采用焊接连接。无约束非屈服段是约束非屈服段的延伸部分，通常用螺栓和节点板将该部分与框架连接，也可采用焊接连接，设计时需方便支撑的连接和拆卸，并防止支撑在该部位发生局部屈曲。

无粘结构造层是由无粘结可膨胀材料制成，用以避免核心构件和混凝土直接接触，防止芯材不能自由变形，如图 3-13 所示。在屈服荷载作用下，由于约束机构的包裹，芯材会进入高阶屈曲模态并发生微小幅度的屈曲变形。此外，还要有足够的空间来容许芯材受压时发生膨胀变形，否则芯材与约束机构之间会产生摩擦力，进而导致约束机构承受轴力。因此，约束机构和芯材之间要有一定的间隙，并通过设置橡胶、聚乙烯、硅胶和乳胶等无粘结材料来实现。

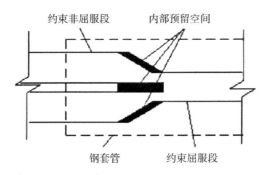

图 3-13　内部预留空间示意图

2. 工作原理

普通钢支撑的轴力 P 达到欧拉临界力 N_{cr} 时，即会发生失稳现象并退出工作。在屈曲约束支撑中，内核单元发生多阶屈曲约束，且欧拉临界力 N_{cr} 与屈曲阶数成正比，具有良好的受压承载力。基于该原理，在承担轴向力的支撑外部设计约束机构。约束机构一般不承受轴力，仅起到提高支撑失稳阶数的作用，以提高支撑的承载力。图 3-14（a）为屈曲约束支撑的核心构件屈曲的演变过程。屈曲约束支撑在受拉及受压情况下均能屈服但不屈曲，具有良好的延性和耗能能力，滞回曲线稳定饱满且明显优于普通支撑，如图 3-14（b）所示。

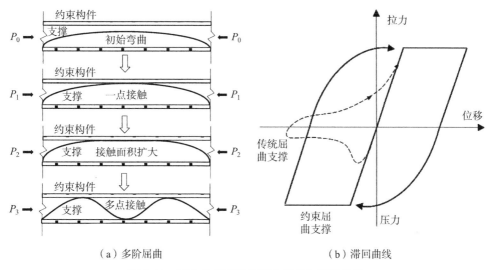

（a）多阶屈曲　　　　　　　　　（b）滞回曲线

图 3-14　屈曲约束支撑的屈曲模态和滞回曲线

3. 主要分类

屈曲约束支撑按照使用功能的不同，可分为耗能型、承载型和屈曲约束阻尼器三种类型。耗能型屈曲约束支撑需同时保证整个构件不屈曲和屈曲约束段屈曲后的耗能能力；承载型屈曲约束支撑在设计中需根据设计性能目标确定支撑的屈服强度，并保证在屈服前不发生失稳，且性能优于普通支撑。当屈曲约束支撑需同时提高结构抗侧刚度、承载力和耗能能力时，应采用耗能型屈曲约束支撑。当支撑仅用于提高结构的刚度和承载力时，可选用承载型屈曲约束支撑。

根据约束单元的外形，屈曲约束支撑可分为管式屈曲约束支撑和墙板式屈曲约束支撑。其中，管式屈曲约束支撑中，屈曲约束机构主要为混凝土、钢管混凝土、钢管；墙板式屈曲约束支撑以墙板为约束单元，将墙板和支撑有机结合起来，主要用于开间较小的宾馆或酒店建筑。当前，被大量使用的是管式屈曲约束支撑，如图 3-15 所示。

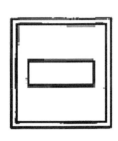 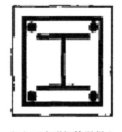 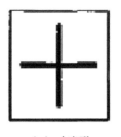 

（a）一字形　　（b）工字形钢管混凝土　　（c）十字形　　（d）工字形

图 3-15　常见屈曲约束支撑构造形式

3.2.3　自复位双肢剪切型耗能段

1. 基本组成

为提高中心支撑结构的抗震性能和震后功能恢复，防止结构中支撑受压屈曲等，基于在双肢短剪切型耗能段上设置 4 根 SMA 棒材，并在耗能段下腹板与支撑连接件之间设置 4 个碟形弹簧，由此形成一种自复位双肢剪切型耗能段，如图 3-16 所示。自复位双肢剪切型耗能段是由 2 个短剪切型耗能段、4 根 SMA 棒材、4 个碟形弹簧组成。其中，中间连接板两侧的上翼缘、下翼缘和腹板组成 1 个短剪切型耗能段，并分别通过左端板和右端板与端部连接板相连。SMA 棒材设置在各短剪切型耗能段腹板两侧，且相对于中间连接板对称。SMA 棒材设置在短剪切型耗能段上翼缘与支撑端板之间；碟形弹簧设置在短剪切型耗能段下翼缘与支撑端板之间，并套在 SMA 棒材上，即 SMA 棒材与碟形弹簧的中心重合。

2. 工作原理

如图 3-16 所示，地震作用下，自复位中心支撑结构承载往复荷载作用，使钢支撑承载拉、压力作用，并使自复位双肢剪切型耗能段承受由钢支撑传递至中间连接板的往复荷载作用。如图 3-16（d）所示，拉力作用下，中间连接板带动双肢剪切型耗能段和 SMA 棒材受拉，SMA 棒材提供复位力且碟形弹簧静止。如图 3-16（e）所示，压力作用下，中间连接板带动双肢短剪切型耗能段和碟形弹簧受压，碟形弹簧提供复位力且 SMA 棒材静止。当钢柱、钢梁和钢支撑设计合理时，可使构件损伤仅发生在双肢短剪切型耗能段上，且具有足够的耗能能力和复位能力，具有承载能力强、构件损伤小、残余变形小、装配效率高等特点。

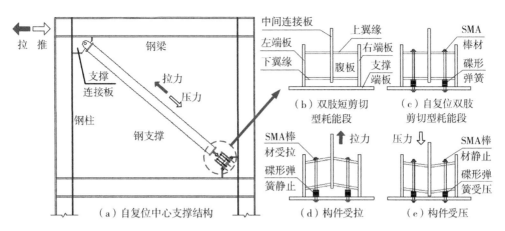

图 3-16　基于自复位双肢耗能段的中心支撑钢框架结构

3.3　设计方法

3.3.1　支撑设置要求

装配式钢框架—中心支撑结构设计时，需参考《高层民用建筑钢结构技术规程》JGJ 99—2015，以保证结构的安全可靠。具体包括：

（1）钢框架—中心支撑结构的抗震设计中，中心支撑宜沿建筑高度竖向连续布置，并应延伸至计算嵌固端。除底部楼层和伸臂桁架所在楼层外，支撑的形式和布置沿建筑竖向宜一致，如图 3-17（a）所示。

（2）高层民用建筑钢结构及其抗侧力结构的平面布置宜规则、对称，并应具有良好的整体性。建筑的立面和竖向剖面宜规则，结构的侧向刚度沿高度宜均匀变化。竖向抗侧力构件的截面尺寸和材料强度宜自下而上逐渐减小，应避免抗侧力结构的侧向刚度和承载力突变。

（3）当采用只能受拉的单斜杆体系时，应同时设置不同倾斜方向的两组单斜杆［图 3-17（b）］，且每层不同方向单斜杆的截面面积在水平方向的投影面积之差不得大于 10%。

（4）人字形和 V 形支撑框架中成对支撑会同时出现受拉、受压现象，反复的整体屈曲使支撑受压承载力降低到初始稳定临界力的 30% 左右，而相邻的支撑受拉仍能接近屈服承载力，在横梁中产生不平衡的竖向分力和水平力的作用，梁应按压弯构件设计。

（5）为了避免竖向不平衡力引起的梁截面过大，可采用跨层 X 形支撑［图 3-17（b）］或拉链柱［图 3-17（c）］。在钢支撑与横梁相交处，梁的上下翼缘应设置侧向支撑。当梁上为组合楼盖时，梁的上翼缘可不必验算。

（6）地震作用下，K 形支撑结构可能因受压斜杆屈曲或受拉斜杆屈服，产生水平不平衡力，如图 3-17（d）所示。此时，结构引起柱较大的侧向变形，使柱发生屈曲甚至造成倒塌，故不应在抗震结构中采用。

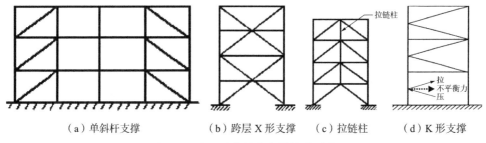

（a）单斜杆支撑　　　（b）跨层 X 形支撑　　（c）拉链柱　　　（d）K 形支撑

图 3-17　常见屈曲约束支撑构造形式

3.3.2　承载能力

装配式钢框架—中心支撑结构中，钢支撑在地震往复荷载作用下反复屈曲，且屈曲后变形增长很大，转为受拉时变形不能完全拉直，即出现退化现象。钢支撑长细比越大，退化现象越严重，这种现象需要在计算支撑斜杆时予以考虑。多遇地震效应组合作用下，支撑斜杆的受压承载力 N 应满足下列公式要求：

$$N/(\varphi A_{\text{br}}) \leqslant \psi f/\gamma_{\text{re}} \tag{3-1}$$

$$\psi = 1/(1 + 0.35\lambda_n) \tag{3-2}$$

$$\lambda_n = (\lambda/\pi)\sqrt{f_y/E} \tag{3-3}$$

式中，A_{br}——支撑斜杆的毛截面面积；

　　　φ——按支撑长细比 λ 确定的轴心受压构件稳定系数；

　　　ψ——受循环荷载时的强度降低系数；

　　　λ、λ_n——支撑斜杆的长细比、正则化长细比；

f、f_y、E——支撑斜杆钢材的抗压强度设计值、屈服强度、弹性模量；

γ_{re}——中心支撑屈曲稳定承载力抗震调整系数。

对一、二、三级抗震等级的钢结构，可采用带有耗能装置的中心支撑体系。支撑斜杆的承载力应为耗能装置滑动或屈服时承载力的 1.5 倍。

3.3.3 支撑截面设计

1. 支撑与钢框架抗侧刚度比

装配式钢框架—中心支撑结构抗侧刚度是由框架和钢支撑两部分抗侧刚度组成，如图 3-18 所示。考虑刚性楼板作用的钢框架水平抗侧刚度 K_s 可表示为：

$$K_s = \frac{12\sum(EI_i)}{h^3} \qquad (3\text{-}4)$$

式中，$\sum(EI_i)$——第 i 楼层中所有柱的抗弯刚度之和；

　　　　h——楼层层高。

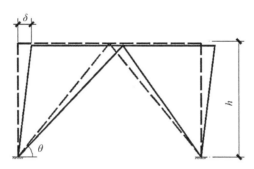

图 3-18 人字形支撑计算简图

δ—轴向变形

对人字形钢支撑的水平抗侧刚度，支撑对单跨框架的抗侧刚度为：

$$K_b = K_b' \cdot \cos^2\theta = \frac{2\sum EA_i \cdot \cos^2\theta}{l} = \frac{2\sum EA_i \cdot \cos^2\theta \cdot \sin\theta}{h} \qquad (3\text{-}5)$$

式中，$\sum EA_i$——钢支撑的抗弯刚度之和；

　　　　K_b'——钢支撑的轴向刚度；

　　　　θ——钢支撑与梁的夹角；

　　　　l——钢支撑的长度。

同一楼层中，支撑与梁柱的抗侧刚度比可表示为：

$$S_r = \frac{K_b'}{K_s} = \frac{h^2}{6} \cdot \frac{\sum EA_i}{\sum EI_i} \cdot \cos^2\theta \cdot \sin\theta \qquad (3\text{-}6)$$

对于单跨的框架，人字形支撑的截面：

$$A_i = \frac{6S_r \cdot \sum EI_i}{E \cdot \cos^2\theta \cdot \sin\theta \cdot h^2} \qquad (3\text{-}7)$$

2. 相邻楼层支撑截面确定

在装配式钢框架—中心支撑结构的抗震设计中，为防止结构竖向不规则和出现结构薄弱层，现行国家标准《建筑抗震设计规范》GB/T 50011 中对相邻楼层的抗侧刚度具体规定为：楼层侧向刚度不宜小于相邻上部楼层侧向刚度的 70%，或其上部相邻三层侧向刚度平均值的 80%，如图 3-19 所示。当钢框架梁柱截面一定时，钢支撑的布置方式和大小将决定结构的抗侧刚度和楼层的层间位移。

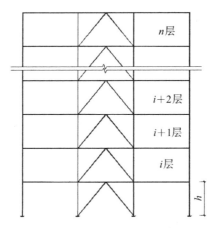

图 3-19　单榀框架抗侧刚度计算简图

假设第 i 层的抗侧刚度为 K_i，相邻两楼层的抗侧刚度比为 λ（$\lambda \geqslant 0.7$），则：

$$\frac{K_i}{K_{i+1}} = \lambda \qquad (3\text{-}8)$$

$$K_i = K_s + K_b \qquad (3\text{-}9)$$

$$\frac{K_{si} + K_{bi}}{K_{s(i+1)} + K_{b(i+1)}} = \lambda \qquad (3\text{-}10)$$

代入式（3-4）、式（3-5），可得：

$$\lambda \sum A_{i+1} - \sum A_i = \frac{6(\sum I_i - \lambda \sum I_{i+1})}{h^2 \cdot \cos^2\theta \cdot \sin\theta} \qquad （3-11）$$

式中，A_i——第 i 层单个人字形支撑的面积；

　　　h——楼层高度。

另外，根据上部相邻三层侧向刚度平均值的 80%，可得：

$$\frac{3 \cdot K_i}{K_{i+1} + K_{i+2} + K_{i+3}} \geqslant 0.8 \qquad （3-12）$$

将式（3-8）代入式（3-12）中，可得：

$$\lambda \leqslant 1.1$$

当任何一层的抗侧刚度能确定时，即可利用式（3-8）确定其他楼层的抗侧刚度。通常结构在地震作用下的楼层剪力是自下而上逐层减小的，其截面也应由顶层至底层逐层增大布置，所以 $\lambda > 1$，且建议取值为 1.05。

3.3.4　构造要求

装配式钢框架—中心支撑结构中，各构件的长细比和板件宽厚比是钢结构设计的两个基本指标，是影响结构稳定和构件局部稳定的重要参数，并在《高层民用建筑钢结构技术规程》JGJ 99—2015 中进行详细规定。

1. 长细比

当钢支撑按压杆设计时，其长细比不应大于 $120\sqrt{\dfrac{235}{f_y}}$，且在一、二、三级抗震设计时，中心支撑斜杆不得采用拉杆设计；四级和非抗震设计时，采用拉杆设计的钢支撑长细比不应大于 180。

当中心支撑构件为填板连接的组合截面时，填板的间距应均匀，每一构件中填板数不得少于 2 块，且应符合下列规定：

（1）当支撑屈曲后会在填板的连接处产生剪力时，两填板之间单肢杆件的长细比不应大于组合支撑杆件控制长细比的 0.4 倍。填板连接处的总受剪承载力设计值至少应等于单肢杆件的受拉承载力设计值。

（2）当钢支撑屈曲后不在填板连接处产生剪力时，两填板之间单肢杆件的长细比不应大于组合支撑杆件控制长细比的 0.75 倍。

2. 板件宽厚比

装配式钢框架—中心支撑结构中，钢支撑板件宽厚比不应大于表 3-2 的限值要求，以使构件的局部屈曲不会先于整体屈曲。

表 3-2　钢支撑板件宽厚比限值

板件名称	一级	二级	三级	四级、非抗震设计
翼缘外伸部分	8	9	10	13
工字形截面腹板	25	26	27	33
箱形截面壁板	18	20	25	30
圆管外径与壁厚之比	38	40	40	42

注：表中数值适用于 Q235 钢，采用其他牌号钢材应乘以 $\sqrt{235/f_y}$，圆管应乘以 $235/f_y$。

3.4　钢框架与钢支撑的连接

3.4.1　连接节点承载力

装配式钢框架—中心支撑结构中，钢支撑中心线主要是与梁柱轴线汇交，如图 3-20（a）所示。主要设计内容包括：

（1）抗震设计时，钢框架连接处支撑的受拉承载力 N_{ubr}^{j} 应满足下式要求：

$$N_{ubr}^{j} \geqslant \alpha A_{br} f_y \tag{3-13}$$

式中：α——连接系数；

A_{br}——支撑斜杆的截面面积；

f_y——支撑斜杆钢材的屈服强度。

（2）当结构无须考虑抗震设计时，可采用支撑的实际受力设计节点。如果支撑的内力很小，则应按支撑杆件承载力设计的 1/2 进行节点设计。

3.4.2　连接节点方式

当支撑采用槽钢时，支撑节点可采用节点板的连接方式，支撑与节点板的连接可采用高强度螺栓连接和焊接连接，如图3-20（b）所示。为保证支撑两端的节点板不发生平面失稳，在支撑端部与节点板约束点连线之间应留有2倍节点板厚的间隙。节点板约束点连线应与支撑杆轴线垂直，以免支撑受扭。

在侧向刚度要求较高的结构中，通常采用H型钢作支撑构件，包括H型钢腹板位于框架平面内和腹板朝向框架平面外。当H型钢支撑腹板位于框架平面内时，平面外计算长度可取轴线长度的0.7倍；当H型钢支撑腹板朝向框架平面外方向，其平面外计算长度可取轴线长度的0.9倍。

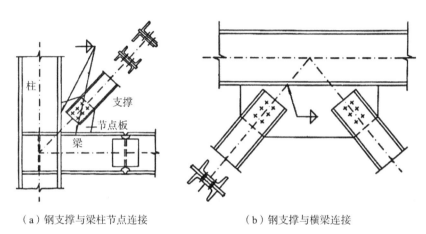

（a）钢支撑与梁柱节点连接　　　　　　　（b）钢支撑与横梁连接

图3-20　钢框架与钢支撑连接节点

3.4.3　连接节点构造

（1）结构抗震等级为一、二、三级时，钢支撑宜采用H型钢制作，两端与框架可采用刚接构造，梁柱与支撑连接处应设置加劲肋。一级和二级采用焊接工字形截面支撑时，其翼缘与腹板的连接宜采用全熔透连续焊缝。

（2）支撑与钢框架连接处，支撑杆端宜做成圆弧。

（3）梁在其与V形支撑或人字支撑相交处，应设置侧向支承；该支承点与梁端支承点间的侧向长细比 λ_y 以及支承力，应符合现行国家标准《钢结构设计标准》GB 50017关于塑性设计的规定。

（4）若钢支撑和钢框架采用节点板连接，应符合现行国家标准《钢结构设计标准》GB 50017关于节点板在连接杆件每侧有不小于30°夹角的规定。抗震等级为一、二级时，钢支撑端部至节点板最近嵌固点在沿支撑杆件轴线方向的距离，不应小于节点板厚度的 2 倍。

3.5 钢框架—中心支撑结构的抗震性能

3.5.1 分析模型

某装配式钢框架—中心支撑结构办公楼，共 16 层；每层的层高为 3.2m，共 51.2m；每层长度和宽度分别为 42m、20m，如图 3-21 所示。结构的设防烈度为 8 度（0.2g），场地类别为 Ⅲ 类，设计地震分组为第一组。分别设计带普通钢支撑的中心支撑结构（OCBF）和带屈曲约束支撑的中心支撑结构（BRBF）分析模型。两个模型各层的钢梁、钢柱截面均相同，且各楼板普通钢支撑与屈曲约束支撑内核耗能构件的截面相等。

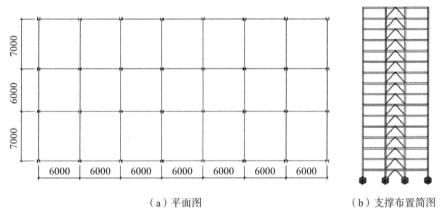

| （a）平面图 | （b）支撑布置简图 |

图 3-21 装配式钢框架—中心支撑结构的平面图和支撑布置图

各层梁柱均采用 Q345 钢，普通钢支撑的中心支撑结构和带屈曲约束支撑的中心支撑结构均采用 Q235 钢，各层的恒荷载取 5.0kN/m²，活荷载取 2kN/m²，楼板采用 120mm 厚压型钢板组合楼盖，楼层质量为 326t。采用 Midas 软件开展多遇地震下的弹性分析和罕遇地震下两种钢框架—中心支撑结构的静力弹塑性分析。另外，中心支撑结构的屈服位移和极限位移分别为 0.5% 和 2%。

3.5.2　塑性铰定义

装配式钢框架—中心支撑结构进入弹塑性阶段，各构件屈服和屈服后性能可用塑性铰模拟。Midas 软件中，梁定义为 M 铰，柱定义为 P-M2-M3 铰，支撑定义为轴力铰。各铰通过 5 个控制点 A-B-C-D-E 的曲线来实现，如图 3-22 所示。其中，A 点为初始状态，B 点代表铰的屈服，C 点代表极限承载力，D 点代表残余应力，E 点代表完全失效。IO、LS 和 CP 代表铰的能力水平，分别对应于直接使用、生命安全和防止倒塌。另外，普通支撑的受压和受拉状态不同，但屈曲约束支撑有在拉、压状态下均不屈曲的性能，相应塑性铰属性如图 3-23 所示。

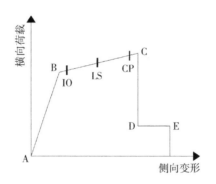

图 3-22　力—位移（弯矩—转动）曲线

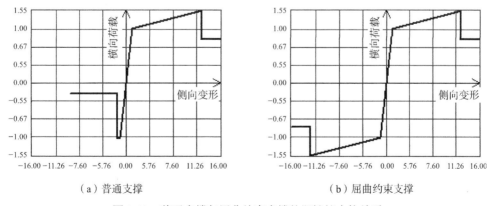

（a）普通支撑　　　　　　　　　　　（b）屈曲约束支撑

图 3-23　普通支撑与屈曲约束支撑的塑性铰本构关系

3.5.3 层间位移角

多遇地震作用下，结构处于弹性，结构的阻尼比为 0.03。OCBF 和 BRBF 的最大层间位移角分别为 0.00289 和 0.00288，均小于《高层民用建筑钢结构技术规程》JGJ 99—2015 中的层间位移角限值 1/250，如图 3-24（a）所示。

罕遇地震作用下，钢支撑和屈曲约束支撑可能都进入弹塑性状态，两种结构的初始阻尼比为 0.05。两种钢框架的最大层间位移角分别为 0.014793 和 0.008904，如图 3-24（b）所示。《高层民用建筑钢结构技术规程》JGJ 99—2015 中间层间位移角限值为 1/70。普通钢框架中有两层的层间位移角不满足上述规范要求，但屈曲约束支撑钢框架中的层间位移角均满足规范要求。此外，普通支撑钢框架的八层、九层和十层的层间位移角变化较大，容易出现薄弱层；屈曲约束支撑钢框架的层间位移角变化较均匀，不会出现薄弱层，进一步说明屈曲约束支撑在装配式钢框架—中心支撑结构中的优越性。

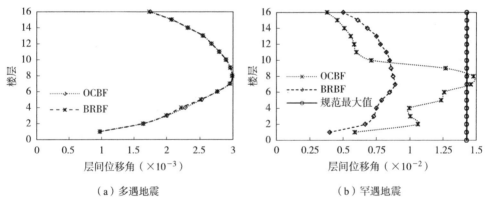

（a）多遇地震　　　　　　　　　　（b）罕遇地震

图 3-24　多遇地震和罕遇地震下结构的层间位移角

3.5.4 塑性铰分布

多遇地震作用下，两种钢框架的所有杆件均处于弹性状态，均未出现塑性铰，如图 3-25 所示。罕遇地震下，普通支撑钢框架的支撑和梁破坏严重，尤其是七层、八层和九层，可能是由于支撑受压破坏和结构的层间位移角太大。屈曲约束支撑钢框架进入弹塑性阶段后，下部几层有部分柱被破坏，可能是由于下部几层所受的层剪力大，其他层有部分梁趋向塑性，部分支撑进入弹塑性和塑性阶段。从图 3-26 中可知，罕遇地震下屈曲约束支撑可消耗地震能量，并作为抗震第一道防线，对主体框架结构起到保护作用。

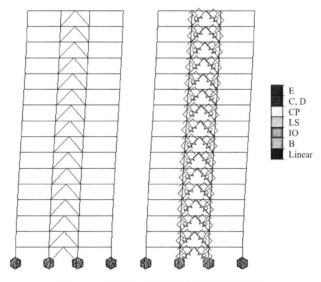

图 3-25　多遇地震下两种钢框架塑性铰图

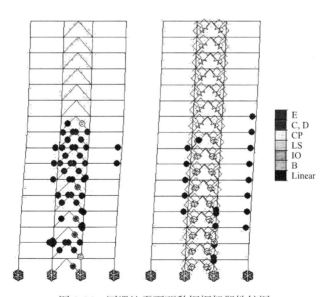

图 3-26　罕遇地震下两种钢框架塑性铰图

第4章　装配式钢框架—偏心支撑结构体系

4.1　装配式钢框架—偏心支撑结构技术特点

4.1.1　结构类型

装配式钢框架—偏心支撑结构主要是由消能梁段、非消能梁段、钢支撑和钢柱等构件组成。其中，在支撑与柱、支撑与梁或支撑与支撑之间形成的一段短梁称为消能梁段。在使用功能上，消能梁段可作为普通梁，为结构提供刚度并支撑楼板。多遇地震下，装配式钢框架—偏心支撑结构具有较高的抗侧移能力，能简单地满足结构的抗侧移要求，并具有良好的变形能力。罕遇地震下，消能梁段相当于结构的"保险丝"，在主体结构进入非弹性状态前率先进入屈服并耗能，即结构通过消能梁段的剪切屈服或弯曲屈服来耗散大量的地震能量，最大限度地减小主体结构在地震中的损伤，并保证支撑在整个过程中不发生屈曲。

常见的装配式钢框架—偏心支撑结构的主要结构类型包括 D 形、K 形、V 形和 Y 形，如图 4-1 所示。图中 e 即为消能梁段的长度。

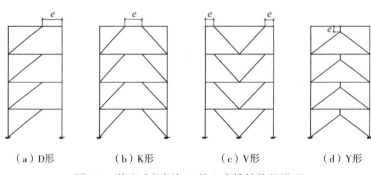

（a）D形　　　　（b）K形　　　　（c）V形　　　　（d）Y形

图 4-1　装配式钢框架—偏心支撑结构的类型

4.1.2 　内力分布特点

　　装配式钢框架—偏心支撑钢框架中，非消能梁段与钢柱通常为刚性连接；钢支撑与消能梁段之间的连接为刚性连接，钢支撑与梁柱间可采用刚性连接或铰接连接。地震作用下，钢支撑为抗侧力构件，有效提高结构的抗侧刚度。由于消能梁段的引入，使得钢框架—偏心支撑结构的受力特点与钢框架—中心支撑结构有较大差异。以 D 形和 K 形钢框架—偏心支撑结构为例，两种结构的内力分布如图 4-2 所示。其中，在水平和竖向力共同作用时，消能梁段的轴力较小，且主要以受剪力和弯矩为主；非耗能梁在受剪力的同时，还受轴力和弯矩的共同作用，设计时需按拉弯或压弯构件进行考虑。

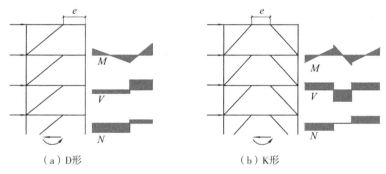

（a）D形　　　　　　　　　　　　（b）K形

图 4-2 　装配式钢框架—偏心支撑结构的内力分布

4.1.3 　实际应用

　　钢框架—偏心支撑结构体系在国外的研究已经很成熟，相关的设计标准和理论亦逐渐完善。在美国高烈度的地震区，已有二十多幢高层建筑采用该种结构体系，具有代表性的钢框架—偏心支撑结构包括 1981 年建成的 19 层美国银行大厦和旧金山 47 层的四号公寓等。我国规范中也对该种结构体系的设计方法进行了详细描述，首次采用钢框架—偏心支撑钢结构的建筑是 52 层的京城大厦，随后还有北京规划大厦和中国工商银行总行大楼。2011 年新西兰基督城地震后，具有良好耗能能力和可更换性的钢框架—偏心支撑结构在震后重建中被大量使用，如图 4-3 所示。随着对钢框架—偏心支撑结构抗震性能的深入研究，这种新型抗侧力体系已逐渐被工程界接受。

图 4-3　新西兰基督城钢框架—偏心支撑钢结构

4.1.4　结构非预期的破坏模式

1. 非消能梁段的破坏

2011 年新西兰基督城地震中发现，某医院钢框架—偏心支撑结构中，钢支撑与非消能梁段连接处的非消能梁段腹板发生斜向断裂，严重影响非消能梁段的承载能力，与结构的预期性能不符，如图 4-4 所示。非消能梁段破坏主要是由于传统钢框架—偏心支撑结构中，消能梁段与非消能梁段的截面往往相同，但消能梁段 85% 的端弯矩由非消能梁段承担，且非消能梁段还需承担较大的轴向力。因此，在轴力和弯矩共同作用下，非消能梁段端部可能发生屈曲或破坏，同样会影响偏心支撑结构的抗震性能和震后修复。如果采用减小消能梁段截面的方法，可保证结构中构件的屈服和破坏仅发生在消能梁段上，但设计时需增大支撑和柱等构件截面，使所设计的结构不够经济。

2. 楼板的破坏

D 形、K 形和 V 形钢框架—偏心支撑结构中，消能梁段与非消能梁段上部楼板为一整体，在经历大震变形时消能梁段会经历较大的竖向变形，并耗散大部分输入结构的能量。此时，非消能梁段沿全长均可能为负弯矩区，并在消能梁段变形、温度效应或收缩徐变下使得混凝土出现受拉现象，导致受拉区混凝土楼板严重开裂或破坏，如图 4-5 所示。目前，消能梁段上部楼板的破坏已成为阻碍钢框架—偏心支撑结构体系发展和应用的重要因素之一。

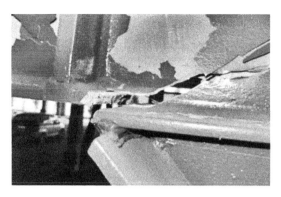

图 4-4 非消能梁段破坏图

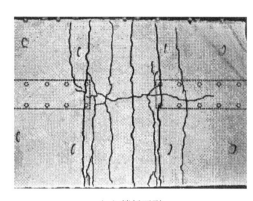 

（a）楼板开裂 （b）楼板破坏

图 4-5 钢框架—偏心支撑结构楼板破坏图

3. 支撑的屈曲与失稳

钢框架—偏心支撑结构中，钢支撑与非消能梁段连接节点需设计成刚接连接，以承担消能梁段端部部分弯矩，减小非消能梁段的受力和屈服破坏。此时，钢支撑主要承受压力和弯矩共同作用。当前，平面外屈曲常出现在采用 H 型钢截面的支撑上，如图 4-6 所示。设计时，可采用增大其截面面积和足够强度的方钢管或圆管，以防止支撑发生平面外屈曲或整体失稳。

4. 一种钢框架—偏心支撑结构组合楼板

在钢框架—偏心支撑结构中，可能发生非消能梁段、楼板和钢支撑等非预期破坏。其中，钢支撑可通过设置方钢管或圆管截面，以防止在受压过程中的屈曲或失稳。对于非消能梁段因承载力不足引起的破坏，以及楼板在负弯矩区产生的

75

开裂现象，利用抗剪铆钉抗拔不抗剪和钢与混凝土组合梁原理，可得到一种钢框架—偏心支撑结构组合楼板，如图 4-7 所示。

图 4-6　支撑屈曲图

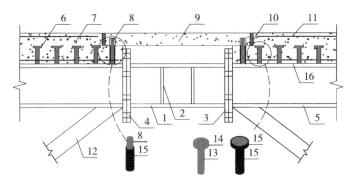

图 4-7　一种新型钢框架—偏心支撑结构组合楼板

1—消能梁段；2—加劲肋；3—外伸端板；4—高强度螺栓；5—非消能梁段；
6—螺杆式连接件；7—混凝土板；8—预埋螺杆；9—预制楼板；10—沥青麻丝；11—分布钢筋；
12—支撑；13—螺杆；14—螺母；15—低弹模材料套筒；16—压型钢板

钢框架—偏心支撑结构组合楼板包括消能梁段组合楼板、非消能梁段组合楼板和支撑。其中，消能梁段组合楼板包括消能梁段、加劲肋、外伸端板和预制楼板；非消能梁段组合楼板包括非消能梁段、螺杆式连接件、混凝土板、预埋螺杆、分布钢筋和压型钢板；螺杆式连接件上套有低弹模材料套筒，可防止受拉区套筒与混凝土之间的受拉破坏。非消能梁段两端分别与钢支撑和非消能梁段焊接连接。消能梁段与非消能梁段通过端部外伸端板并采用高强度螺栓连接，且螺杆式连接件焊接在非消能梁段翼缘上。非消能梁段上铺设压型钢板、抗剪螺杆和分布钢筋，并浇筑混凝土板。最后，预制楼板通过预埋螺杆与混凝土板连接。

该种组合楼板可以解决消能梁段与非消能梁段变形过大所引起的楼板破坏，以及消能梁段与非消能梁段截面相同时，非消能梁段承载力不足等问题。其中，消能梁段上方采用预制楼板与预埋螺杆相连，可使得消能梁段在发生非弹性变形时其上部楼板不发生破坏。消能梁段与非消能梁段采用高强度螺栓连接，可在震后对损伤构件进行快速修复。螺杆式连接件可有效减小非消能梁段上混凝土板的开裂，有利于提高非消能梁段与混凝土间的共同作用，并增大非消能梁段的承载能力。

4.2　消能梁段的基本性能

4.2.1　消能梁段的分类

1. 长度比

装配式钢框架—偏心支撑结构中，消能梁段主要是由 H 形钢梁和加劲肋组成，基本构造和内力平衡如图 4-8 所示。

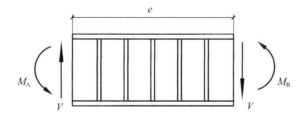

图 4-8　消能梁段的内力平衡图

消能梁段的塑性弯矩 M_p 和塑性剪力 V_p 分别为：

$$\begin{cases} M_p = f_y W_p \\ V_p = 0.58 f_{yw}(h - 2t_f) t_w \end{cases} \quad (4\text{-}1)$$

式中，f_y——消能梁段屈服强度；

f_{yw}——腹板屈服强度；

h、t_f、t_w——分别为截面高度、翼缘厚度和腹板厚度。

消能梁段的长度比 ρ 是反映其分类的重要参数，具体可表示为：

$$\rho = \frac{eV_p}{M_p} \qquad （4-2）$$

式中，e——消能梁段长度。

超强系数 Ω 也是反映消能梁段承载能力的重要参数之一，计算公式为：

$$\Omega = \frac{V_u}{V_p} \qquad （4-3）$$

式中，V_u——消能梁段的极限剪力。

2. 主要类型

在钢框架—偏心支撑结构中，消能梁段相当于结构的"保险丝"，在地震作用下率先屈服并耗散地震能量。消能梁段的变形能力、超强系数和耗能能力越强，钢框架—偏心支撑结构的抗震性能越好。不同长度比的消能梁段的分类、超强系数和特点如表 4-1 所示。由于剪切型消能梁段在延性和耗能能力等方面均优于弯曲型和弯剪型消能梁段，在钢框架—偏心支撑结构中被推荐使用。另外，短剪切型消能梁段性能与其他消能梁段差异较大。当短剪切型消能梁段的腹板发生全截面屈服后，加劲肋、翼缘和屈服后的腹板组成子框架继续承担荷载，超强系数可达到 1.90。当剪切型消能梁段长度或加劲肋间距越小时，子框架的承载力增大越明显，具有良好的延性和耗能能力。

表 4-1 消能梁段的分类和特点

类型	长度比 ρ	超强系数 Ω	特点
弯曲型	$\rho \geqslant 2.6$	1.15	两端主要发生弯曲屈服，刚度和延性较低，主要用于洞口较大的 D 形、K 形和 V 形结构中
弯剪型	$1.6 < \rho < 2.6$	$1.15 \sim 1.50$	可能同时发生弯曲屈服和剪切屈服，刚度和延性一般，可适用于各种偏心支撑结构
普通剪切型	$1.0 < \rho \leqslant 1.6$	1.50	主要发生腹板部分截面剪切屈服，刚度和延性较好，可适用于各种偏心支撑结构
短剪切型	$\rho \leqslant 1.0$	1.90	腹板发生全截面受剪屈服，刚度、延性和耗能能力最强，常应用于 Y 形偏心支撑结构中

4.2.2　消能梁段的破坏模式与修复方法

1. 腹板屈服和外观修复法

在小震或中震作用下，钢框架—偏心支撑结构中可能仅有消能梁段的腹板、翼缘或加劲肋发生屈服，如图 4-9 所示。此时，无须对消能梁段的强度和刚度进行修复，仅对发生屈服部位脱落的防火漆等进行修复即可，且外观修复不会影响构件和整体结构的强度。

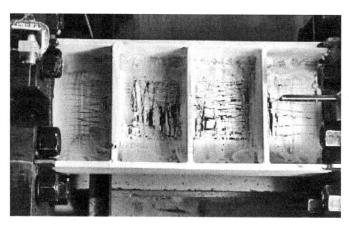

图 4-9　消能梁段腹板屈服图

2. 板件屈曲和热矫正法

当钢框架—偏心支撑结构遭受较大的荷载时，消能梁段的翼缘和腹板可能发生较大的局部屈曲，如图 4-10 所示。翼缘和腹板的局部屈曲会使消能梁段承载能力有所降低，但震后消能梁段仍能承受部分荷载。此时，若直接拆除消能梁段，会造成一定的浪费。采用热矫正法对消能梁段腹板和翼缘局部屈曲区域进行加黑热校平，以减小已经发生的局部屈曲，使消能梁段恢复部分承载能力，在一定程度上修复后可继续使用。

3. 构件破坏和更换法

在钢框架—偏心支撑结构经历强震后，消能梁段可能发生腹板断裂、翼缘断裂、焊缝断裂或侧向扭转屈曲，如图 4-11 所示。此时，需对消能梁段进行更换，以恢复相应结构的抗震性能，具体更换内容为：

（1）将消能梁段附近的楼板进行支撑。

（2）拆除消能梁段两端的高强度螺栓，若无法拆除，则直接从消能梁段破坏最严重处进行火焰切割。

（3）将新的可更换消能梁段进行定位安装（新的消能梁段的实际长度应略小于破坏前构件长度，以方便安装）。

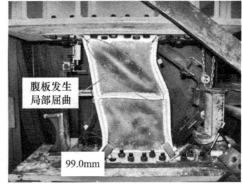

图 4-10　消能梁段腹板和翼缘屈曲图

（a）腹板断裂　　　　　　　　　　　　　（b）焊缝断裂

图 4-11　消能梁段破坏图

从结构震后修复方法的角度可知，消能梁段的破坏程度是影响偏心支撑结构震后修复时间和修复费用的主要因素之一。因此，偏心支撑结构在满足承载能力和抗震性能的前提下，需尽可能减小消能梁段的破坏和变形，以提高钢框架—偏心支撑结构的震后修复效率。

4.2.3　消能梁段的力学性能

1. 滞回性能

不同长度比消能梁段的滞回曲线如图 4-12 所示，相应延性和承载能力有较大差异。从各滞回曲线中可以看出，弯曲型和弯剪型消能梁段的承载力到达峰值后均会出现明显下降现象，消能梁段也会出现明显的弯曲屈服和塑性铰。普通剪切型消能梁段承载力呈增大趋势，滞回曲线较为饱满，腹板和翼缘均出现小幅屈曲现象。短剪切型消能梁段的承载力随位移的增大而增大，滞回曲线非常饱满，抗剪承载力、耗能能力和延性均非常强。

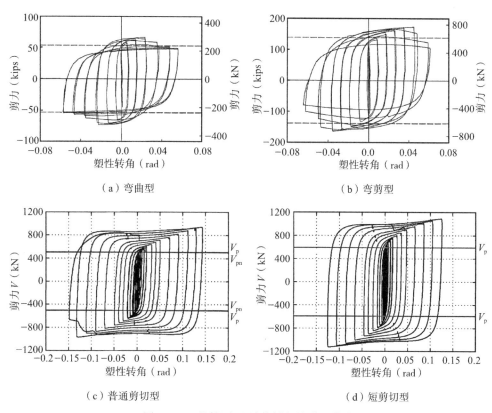

（a）弯曲型　　　　　　　　　　　　（b）弯剪型

（c）普通剪切型　　　　　　　　　　（d）短剪切型

图 4-12　不同长度比消能梁段的滞回曲线

2. 普通力学模型

罕遇地震下，消能梁段在应变强化过程中，主要承受剪力和弯矩作用。其中，消能梁段的力学模型是评估装配式钢框架—偏心支撑结构抗震性能的重要内容。由于剪切型消能梁段在钢框架—偏心支撑结构中结构被推荐使用，以下主要针对当前已有的剪切型消能梁段力学模型进行分析。

往复荷载下，剪切型消能梁段在发生应变强化的过程中，其剪力不断增大并超过塑性剪力值，同时构件端部弯矩也逐渐增大并超过端部弯矩值。因此，剪切型消能梁段在剪力和弯矩作用下均会发生应变硬化。基于剪切型消能梁段的滞回曲线，可总结得到相应三折线力学模型，如图 4-13 所示。

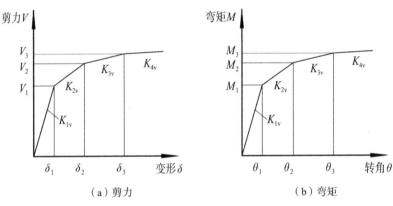

图 4-13　剪切型消能梁段的力学分析模型

基于对剪切型消能梁段滞回曲线所提取的每次加载过程中最大力和位移值，确定构件在不同阶段的受力与变形，并得到实际力—位移关系。剪切型消能梁段各阶段的剪力和弯矩屈服值如表 4-2 所示。

表 4-2　多线性耗能梁段各阶段的剪力和弯矩屈服值

	第一屈服值		第二屈服值		第三屈服值	
	剪力屈服点 V_1	弯矩屈服点 M_1	剪力屈服点 V_2	弯矩屈服点 M_2	剪力屈服点 V_3	弯矩屈服点 M_3
J.M.Ricles	$1.0V_p$	$1.0M_p$	$1.26V_p$	$1.13M_p$	$1.40V_p$	$1.20M_p$
T.Ramadan	$1.0V_y$	$1.0M_p$	$1.06V_y$	$1.03M_p$	$1.12V_y$	$1.06M_p$
P.W.Richards	$1.1V_p$	—	$1.30V_p$	—	$1.50V_p$	—
胡淑军	$1.0V_p$	$1.0M_p$	$1.24V_p$	$1.10M_p$	$1.40V_p$	$1.15M_p$

3. 高等力学模型

在 Perform-3D、Opensees 等分析软件中，为准确模拟剪切型消能梁段的力学性能，需将多折线模型进行拆分，如图 4-14 所示。在剪切型消能梁段两端分别假定有 3 个零长度转动子弹簧和 3 个零长度平动子弹簧，以模拟不同位移下弯矩和剪力的变化；中间单元为刚性单元，始终处于弹性。通过各子弹簧刚度变化考虑不同阶段消能梁段的力学性能，由此得到剪切型消能梁段高等分析模型。

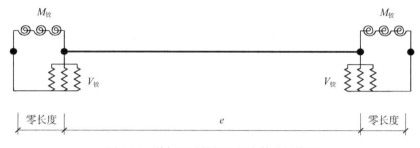

图 4-14　剪切型消能梁段的高等分析模型

剪切型消能梁段的分析模型中，剪切屈服和弯曲屈服均采用 3 个相同的子弹簧表达式，且每个平动子弹簧和转动子弹簧均相当于一条理想的双线性模型，如图 4-15 所示。由于剪切型消能梁段各屈服点的力和位移均已知，可准确模拟剪切型消能梁段的屈服和刚度变化。其中，各子弹簧的刚度可表示为：

$$\begin{cases} K_{a1} = K_1 - K_2 + K_4, & K_{b1} = K_4 \\ K_{a2} = K_2 - K_3, & K_{b2} = 0 \\ K_{a3} = K_3 - K_4, & K_{b3} = 0 \end{cases} \quad （4\text{-}4）$$

式中，K_1、K_2、K_3、K_4——分别为剪切型耗能段的第一、第二、第三、第四阶段刚度；

　　　　K_{a1}、K_{a2}、K_{a3}——分别为弹簧一、弹簧二、弹簧三的初始刚度；

　　　　K_{b1}、K_{b2}、K_{b3}——分别为弹簧一、弹簧二、弹簧三的第二刚度。

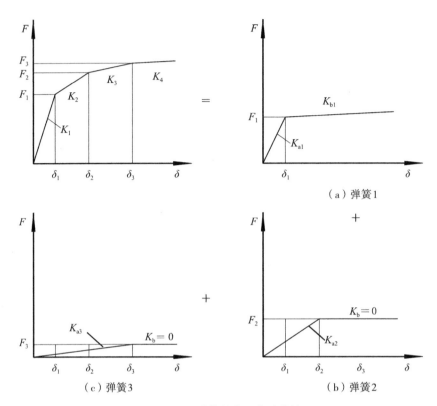

图 4-15　子弹簧的力—位移曲线

δ_1、δ_2、δ_3——分别为剪切型耗能段的第一、第二、第三阶段刚度对应的位移

4.2.4　扩孔螺栓连接型消能梁段的力学性能

1. 基本组成

外伸端板连接节点由于具有施工快捷、受力性能可靠和抗震性能好等优点，是目前钢结构连接中广泛采用的连接形式。在短剪切型消能梁段下翼缘端板与 Y 形偏心支撑结构中支撑末端端板之间采用外伸端板连接，可实现受力性能可靠、震后可更换等目标。

为进一步提高短剪切型消能梁段的变形能力、耗能能力和减小其损伤，基于短剪切型消能梁段良好的受剪能力和刚度等，在消能梁段与支撑末端板之间设置剪切扩孔型螺栓连接，可得到一种扩孔螺栓连接型消能梁段，如图 4-16 所示。该种扩孔螺栓连接型消能梁段中，消能梁段端板与支撑端板、支撑端板与垫板间布置合理的垫片，是实现该种连接预期性能的关键步骤。由于 Y 形偏心支撑结构的水平剪力主要是由短剪切型消能梁段承担，使得该种扩孔型螺栓连接为非对称受力，建议在垫板和支撑端板间采用摩擦系数小的丁基橡胶垫片。消能梁段端板与支撑端板间根据实际受力需要，可确定合理材料的垫片。

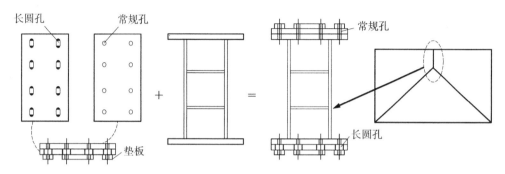

（a）剪切扩孔型螺栓连接　　（b）短剪切型消能梁段　　　（c）扩孔螺栓连接型消能梁段

图 4-16　一种新型扩孔螺栓连接型消能梁段

2. 设计流程

大震变形下，扩孔螺栓连接型消能梁段中剪切扩孔型螺栓连接摩擦滑移需要先于短剪切型消能梁段腹板屈服，且在结构达到极限变形时消能梁段仍处于弹性，保证扩孔型螺栓连接不发生屈服。因此，该种新型构件需满足以下要求：

$$\begin{cases} F_{slip} = n_s n_b T_b \mu \leqslant V_y \\ F_u \geqslant V_u \end{cases} \tag{4-5}$$

式中，F_{slip}、F_u——分别为扩孔型螺栓连接的抗滑移承载力和极限承载力；

　　　V_y、V_u——分别为短剪切型消能梁段的受剪屈服荷载和极限荷载；

　　　n_s、n_b——分别为连接的摩擦面数目、螺栓数；

　　　T_b、μ——分别为高强度螺栓预拉力、摩擦面抗滑移系数。

扩孔螺栓连接型消能梁段的设计主要包括短剪切型消能梁段和扩孔型螺栓连接两个方面，设计流程为：

（1）在对某 Y 形偏心支撑结构进行弹性分析时，可确定短剪切型消能梁段所需弹性剪力大小 V_y，并确定短剪切型消能梁段的腹板、翼缘和加劲肋，以及计算得到构件的极限荷载 V_u。

（2）短剪切型消能梁段截面确定后，可通过式（4-5）合理确定高强度螺栓的预拉力 T_b 和摩擦面抗滑移系数 μ。当短剪切型消能梁段达到极限承载力时，扩孔型螺栓连接需满足 $F_u \geqslant V_u$，可得到高强度螺栓所需直径和抗剪承载力，并明确扩孔型螺栓连接中最合理的螺栓和垫片。具体流程如图 4-17 所示。

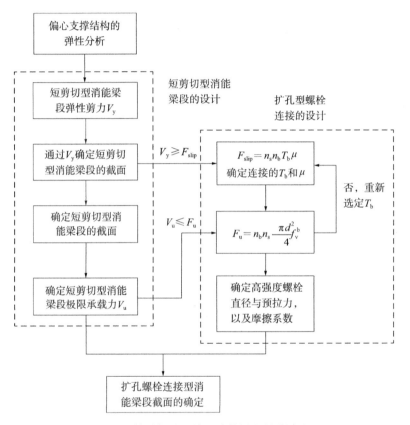

图 4-17　扩孔螺栓连接型消能梁段的设计流程

3. 力学性能

剪切扩孔型螺栓连接、短剪切型消能梁段和扩孔螺栓连接型消能梁段的滞回曲线如图 4-18 所示。在加载初期，构件位移小于长圆孔尺寸 $0.5s$ 时，构件承载力随位移无明显变化，其滞回曲线初始段与扩孔型螺栓连接相同。随着位移增大并超过长圆孔尺寸 $0.5s$，其加载和变形主要包括两个方面：正向加载时，当高强度螺栓滑移至长圆孔端部后，高强度螺栓为承压型，消能梁段的变形和受力逐渐增大；反向加载时，消能梁段的受力降到一定值后，高强度螺栓开始摩擦滑移，其滑移量 d 为整个长圆孔尺寸 s，且高强度螺栓滑移至长圆孔端部后的受力和变形也逐渐增大，直至构件达到预期变形。因此，扩孔螺栓连接型消能梁段在正向或反向变形超过长圆孔尺寸后，其性能与纯短剪切型消能梁段相同。

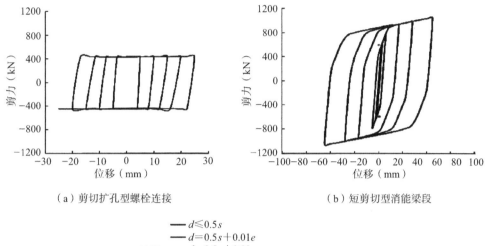

（a）剪切扩孔型螺栓连接　　　　　　（b）短剪切型消能梁段

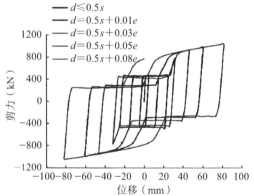

（c）扩孔螺栓连接型消能梁段

图 4-18　扩孔螺栓连接型消能梁段的滞回曲线

提取各滞回曲线中每次加载过程中最大应力的点所对应的力和位移值，即可得到相应的骨架曲线，由此反映构件各个阶段的受力与变形。图 4-19 为各构件的力学模型图。初始受力阶段，构件刚度等于消能梁段刚度。随着高强度螺栓开始滑移，滑移长度为 $0.5S_1$。最后，短剪切型消能梁段开始变形，其曲线与普通短剪切型消能梁段相同，为多折线模型。

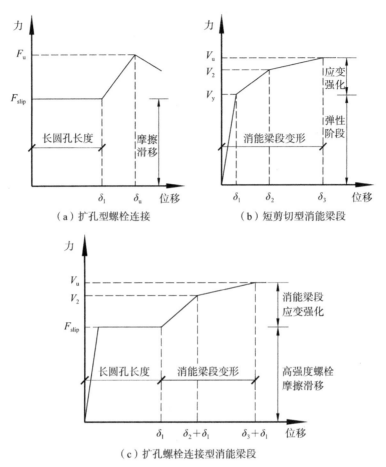

（a）扩孔型螺栓连接　　　　　（b）短剪切型消能梁段

（c）扩孔螺栓连接型消能梁段

图 4-19　扩孔螺栓连接型消能梁段的力学模型

4.3　钢框架—偏心支撑结构设计方法

4.3.1　消能梁段设计

1. 板件宽厚比

装配式钢框架—偏心支撑结构中，消能梁段的设计包括长度、翼缘、腹板和加劲肋等构件。当建筑条件允许时，消能梁长度可取钢梁长度的 0.10～0.15 倍。在 D 形、K 形和 V 形钢框架—偏心支撑结构中，消能梁段的长度不应过短，否则塑性变形增大会引起消能梁段和楼板严重破坏，同时消能梁段与非消能梁段的夹角也增大。在 Y 形钢框架—偏心支撑结构中，消能梁段可采用短剪切型。《建筑抗震设计标准》GB/T 50011—2010 中对消能梁段翼缘宽厚比和腹板高厚比有具体规定，如表 4-3 所示。

表 4-3 消能梁段的板件宽厚比限值

板件名称		宽厚比（高厚比）限值
翼缘外伸部分		8
腹板	当 $N/(Af) \leqslant 0.14$ 时	$90 \times [1 - 1.65N/(Af)]$
	当 $N/(Af) \leqslant 0.14$ 时	$33 \times [2.3 - N/(Af)]$

此外，消能梁段加劲肋厚度应不小于腹板厚度和 10mm 的较小值。

2. 加劲肋

消能梁段腹板变形角、腹板宽高比和高厚比之间的关系可表示为：

$$\frac{a}{t_{\mathrm{w}}} + \frac{1}{5}\frac{d}{t_{\mathrm{w}}} = C_{\mathrm{B}} \tag{4-6}$$

式中，a——加劲肋的厚度；

$\quad\quad d$——梁高；

$\quad\quad t_{\mathrm{w}}$——腹板厚度。

当转角为 0.03、0.06 和 0.09 时，$C_{\mathrm{B}} = 56$、38 和 29，中间按内插法取值。

《建筑抗震设计标准》GB/T 50011—2010 中规定，消能梁段应当在其腹板上设置加劲肋：

（1）当 $e \leqslant 1.6M_{\mathrm{p}}/V_{\mathrm{p}}$，加劲肋间距不应大于（$30t_{\mathrm{w}} - h/5$）；

（2）当 $1.6M_{\mathrm{p}}/V_{\mathrm{p}} < e \leqslant 2.6M_{\mathrm{p}}/V_{\mathrm{p}}$，加劲肋间距按线性插入；

（3）当 $2.6M_{\mathrm{p}}/V_{\mathrm{p}} < e \leqslant 5M_{\mathrm{p}}/V_{\mathrm{p}}$，应在距消能梁段端部 $1.5b_{\mathrm{f}}$ 处配置中间加劲肋，且中间加劲肋间距不应大于（$52t_{\mathrm{w}} - h/5$）；

（4）当消能梁段高度小于 640mm 时，可仅单侧布置加劲肋；大于 640mm 时，应在两侧布置加劲肋；

（5）加劲肋宽度不应小于（$b_{\mathrm{f}}/2 - t_{\mathrm{w}}$），厚度不应小于 $0.75t_{\mathrm{w}}$ 和 10mm 的较大值，b_{f} 为翼缘宽度。

3. 强度设计

多遇地震作用效应组合下，消能梁段强度应符合下列要求：

（1）消能梁段净长 $e < 2.2M_p/V_p$ 时

1）其腹板强度应按下式计算：

$$\frac{V_{lb}}{0.8 \times 0.58h_0t_w} \leqslant f \tag{4-7}$$

2）其翼缘强度应按下式计算：

$$\left(\frac{M_{lb}}{h_{lb}} + \frac{N_{lb}}{2}\right)\frac{1}{b_ft_f} \leqslant f \tag{4-8}$$

（2）消能梁段净长 $e \geqslant 2.2M_p/V_p$ 时

1）其腹板强度计算方法与式（4-7）相同；

2）其翼缘强度应按下式计算：

$$\frac{M_{lb}}{W} + \frac{N_{lb}}{A_{lb}} \leqslant f \tag{4-9}$$

式中，N_{lb}、V_{lb}——轴力设计值、剪力设计值；

$\qquad M_{lb}$——弯矩设计值；

$\qquad W$——梁段截面抵抗矩；

$\qquad f$——钢材强度设计值。

4.3.2　其他构件的设计

1. 非消能梁段

在 D 形、K 形和 V 形钢框架—偏心支撑结构中，非消能梁段截面宜与同一跨内消能梁段相同，以方便施工和楼板安装等。Y 形钢框架—偏心支撑结构中钢梁与消能梁段垂直，不包括非消能梁段，设计时钢梁需满足消能梁段达到极限破坏时仍处于弹性的目的。

2. 支撑

装配式钢框架—偏心支撑结构中，支撑的承载力应按下式计算：

$$\frac{N_{br}}{\varphi A_{br}} \leqslant f \tag{4-10}$$

$$N_{br} = 1.6 \frac{V_p}{N_{lb}} N_{br,com} \qquad (4\text{-}11)$$

$$N_{br} = 1.6 \frac{M_p}{M_{lb}} N_{br,com} \qquad (4\text{-}12)$$

式中，A_{br}——支撑截面面积；

φ——支撑轴心受压稳定系数；

N_{br}——支撑轴力设计值；

$N_{br,com}$——跨间梁竖向荷载和水平作用最不利组合下的支撑轴力。

另外，支撑的长细比不应大于 $120\sqrt{235/f_{ay}}$，支撑杆件的板件宽厚比也应满足现行国家标准《钢结构设计标准》GB 50017 的相关规定。

3. 框架柱

装配式钢框架—偏心支撑结构中，框架柱的承载力应按下式计算：

（1）弯矩设计值 M_c 应不小于下列公式中的较小值：

$$M_c = 2.0 \frac{V_p}{V_{lb}} M_{c,com} \qquad (4\text{-}13)$$

$$M_c = 2.0 \frac{M_p}{M_{lb}} M_{c,com} \qquad (4\text{-}14)$$

（2）轴力设计值 N_c 应不小于下列公式中的较小值：

$$N_c = 2.0 \frac{V_p}{V_{lb}} N_{c,com} \qquad (4\text{-}15)$$

$$N_c = 2.0 \frac{M_p}{M_{lb}} N_{c,com} \qquad (4\text{-}16)$$

式中，$M_{c,com}$——竖向和水平作用最不利组合下的柱弯矩；

$N_{c,com}$——竖向和水平作用最不利组合下的柱轴力。

4.3.3　基于性能的塑性设计方法

1. 消能梁段的设计

根据第 2 章中的侧向力分布方法，可得到各楼层剪力分布和剪力值。罕遇地震作用下，钢框架—偏心支撑结构非弹性变形主要发生在消能梁段，其他构件始终处于弹性。在钢框架—偏心支撑结构基于性能的塑性设计方法中，需首先确定耗能梁截面的大小，并对其他构件进行设计。

（1）D 形钢框架—偏心支撑结构

图 4-20 为 D 形钢框架—偏心支撑结构变形图。假定结构中仅有各楼层消能梁段和底层柱底屈服，且消能梁段的塑性转角 $\gamma_{\mathrm{p}}=L\theta_{\mathrm{p}}/e$。此时，楼层剪力和各楼层梁上的荷载所做的外功，应等于各楼层耗能梁的变形和柱底塑性屈服所做的功的总和，可表示为：

$$\sum_{i=1}^{n} F_i h_i \theta_{\mathrm{p}} + \frac{1}{2}\sum_{i=1}^{n} q_i L (L-e) \theta_{\mathrm{p}} = \sum_{i=1}^{n} \beta_i V_{1n} e \gamma_{\mathrm{p}} + 2 M_{\mathrm{pc}} \theta_{\mathrm{p}} \qquad (4\text{-}17)$$

式中，V_{1n}——顶层耗能梁所受的剪力；

F_i——第 i 层的楼层剪力，$F_i = (\beta_i - \beta_{i+1}) F_n$；

h_i——第 i 层的楼层距地面的高度；

q_i——第 i 层梁上的线荷载；

M_{pc}——底层柱所需的塑性弯矩。

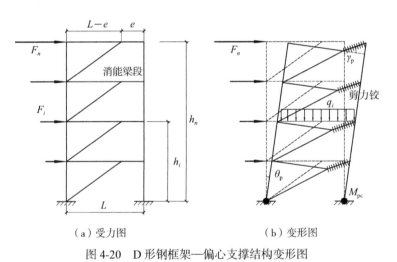

（a）受力图　　　　　（b）变形图

图 4-20　D 形钢框架—偏心支撑结构变形图

整理式（4-17）可得，D 形钢框架—偏心支撑结构顶层消能梁段的剪力为：

$$V_{\mathrm{ln}}=\dfrac{\sum\limits_{i=1}^{n}F_{i}h_{i}+\dfrac{1}{2}\sum\limits_{i=1}^{n}q_{i}L(L-e)-2M_{\mathrm{pc}}}{L\sum\limits_{i=1}^{n}\beta_{i}} \qquad (4\text{-}18)$$

根据式（4-18）确定顶层消能梁段的剪力后，可通过 $V_{\mathrm{l}i}=\beta_{i}V_{\mathrm{ln}}$ 得到 D 形钢框架—偏心支撑结构各楼层消能梁段的剪力值。

（2）K 形钢框架—偏心支撑结构

图 4-21 为 K 形钢框架—偏心支撑结构变形图。当结构中仅有各楼层的消能梁段和底层柱底屈服时，楼层剪力所做的外功等于各楼层消能梁段的变形和底层柱底塑性变形所做功的总和，可表示为：

$$\sum_{i=1}^{n}F_{i}h_{i}\theta_{\mathrm{p}}=\sum_{i=1}^{n}\beta_{i}V_{\mathrm{ln}}e\gamma_{\mathrm{p}}+2M_{\mathrm{pc}}\theta_{\mathrm{p}} \qquad (4\text{-}19)$$

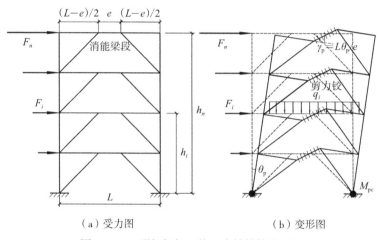

（a）受力图　　　　　　　（b）变形图

图 4-21　K 形钢框架—偏心支撑结构变形图

K 形钢框架—偏心支撑结构顶层消能梁段的剪力为：

$$V_{\mathrm{ln}}=\dfrac{\sum\limits_{i=1}^{n}F_{i}h_{i}-2M_{\mathrm{pc}}}{L\sum\limits_{i=1}^{n}\beta_{i}} \qquad (4\text{-}20)$$

K 形钢框架—偏心支撑结构各楼层消能梁段的剪力可通过 $V_{1i} = \beta_i V_{1n}$ 得到。

（3）V 形钢框架—偏心支撑结构

图 4-22 为 V 形钢框架—偏心支撑结构变形图。当结构中所有消能梁段和底层柱底屈服时，外力所做功等于各楼层消能梁段底层柱底所做功的总和，可表示为：

$$\sum_{i=1}^{n} F_i h_i \theta_{\mathrm{p}} = 2 \sum_{i=1}^{n} \beta_i V_{1n} e \gamma_{\mathrm{p}} + 2 M_{\mathrm{pc}} \theta_{\mathrm{p}} \qquad (4\text{-}21)$$

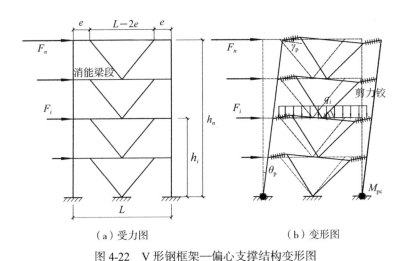

（a）受力图　　　　　　　（b）变形图

图 4-22　V 形钢框架—偏心支撑结构变形图

V 形钢框架—偏心支撑结构顶层消能梁段的剪力为：

$$V_{1n} = \frac{\displaystyle\sum_{i=1}^{n} F_i h_i - 2 M_{\mathrm{pc}}}{L \displaystyle\sum_{i=1}^{n} \beta_i} \qquad (4\text{-}22)$$

V 形钢框架—偏心支撑结构各楼层消能梁段的剪力也可通过 $V_{1i} = \beta_i V_{1n}$ 得到。

（4）Y 形钢框架—偏心支撑结构

图 4-23 为 Y 形钢框架—偏心支撑结构变形图。由于 Y 形钢框架—偏心支撑结构中的短剪切型消能梁段耗能能力强，设计时仅考虑消能梁段发生屈服，且消能梁段能量耗散系数为 μ。因此，结构中各楼层消能梁段剪力 V_{1i} 为：

$$\mu \cdot \sum_{i=1}^{n} F_i h_i \theta_p = \sum_{i=1}^{n} V_{1i} e_i \theta_p \qquad (4\text{-}23)$$

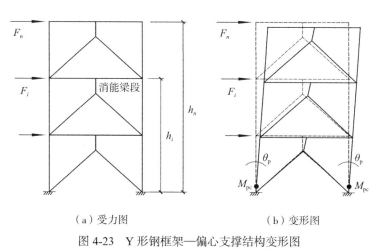

（a）受力图　　　　　　　（b）变形图

图 4-23　Y 形钢框架—偏心支撑结构变形图

在得到不同类型钢框架—偏心支撑结构中各楼层耗能梁的剪力后，可根据耗能梁段设计方法，确定耗能梁的截面、长度以及加劲肋的间距、厚度和布置方式。

2. 柱和支撑的设计

（1）D 形钢框架—偏心支撑结构

图 4-24 为 D 形钢框架—偏心支撑结构隔离体图。通过分析可得到消能梁段最大塑性剪力 V_A、靠近支撑端的弯矩 M_A 和靠近柱端的弯矩 M_B，以及柱底屈服弯矩 M_{pc}，并考虑各层消能梁段剪力对柱中心所产生的附加弯矩 ΔM_{Bi}。

当荷载作用方向向左时，各构件的受力最大。对图 4-24（a）隔离体进行分析，可得到弯矩平衡条件下的方程式：

$$F_{An} = \cfrac{\displaystyle\sum_{i=1}^{n} M_{Ai} + \sum_{i=1}^{n} V_{Ai}(L-e) + \frac{(L-e)^2}{2}\sum_{i=1}^{n} q_i + M_{pc}}{\displaystyle\sum_{i=1}^{n}(\beta_i - \beta_{i+1})h_i} \qquad (4\text{-}24)$$

式中，F_{An}——左端隔离体顶层剪力；

　　　　V_{Ai}——第 i 层耗能梁端剪力；

q_i——第 i 层梁上的均布荷载。

对图 4-24（b）的隔离体进行分析，可得到与耗能梁相连端的方程式：

$$F_{\mathrm{B}n} = \frac{\sum_{i=1}^{n} M_{\mathrm{B}i} + \dfrac{d}{2} \sum_{i=1}^{n} V_{\mathrm{B}i} + M_{\mathrm{pc}}}{\sum_{i=1}^{n} (\beta_i - \beta_{i+1}) h_i} \tag{4-25}$$

式中，$F_{\mathrm{B}n}$——右端隔离体顶层剪力；

$\quad M_{\mathrm{B}i}$——第 i 层耗能梁塑性弯矩，等于 $1.1 M_{\mathrm{p}i}$；

$\quad V_{\mathrm{B}i}$——第 i 层耗能梁端剪力，等于 $1.4 V_{\mathrm{p}i}$；

$\quad d$——柱截面高度。

确定各隔离体顶层剪力后，可通过剪力分布系数（$\beta_i - \beta_{i+1}$）得到各楼层剪力值，并确定各层柱的弯矩和支撑内力，由此对钢柱和钢支撑进行塑性设计，即可得到 D 形钢框架—偏心支撑结构中各楼层柱和支撑相应的截面。

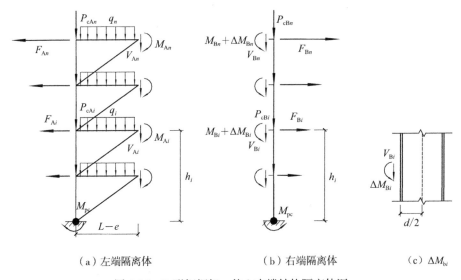

（a）左端隔离体　　　　　（b）右端隔离体　　　　（c）$\Delta M_{\mathrm{b}i}$

图 4-24　D 形钢框架—偏心支撑结构隔离体图

（2）K 形钢框架—偏心支撑结构

图 4-25（a）为 K 形钢框架—偏心支撑结构隔离体图。通过分析可得到消能梁段最大塑性剪力 V_{A}、端弯矩 M_{A} 和柱底塑性弯矩 M_{pc}。根据隔离体并考虑竖向

荷载的作用和弯矩平衡，可得到此时各楼层侧向力的大小。

当荷载作用方向向左时，各构件受力最大，相应可得到平衡方程式：

$$F_{An} = \frac{\displaystyle\sum_{i=1}^{n} M_{Ai} + \frac{(L-e)}{2}\sum_{i=1}^{n} V_{Ai} + \frac{(L-e)^2}{8}\sum_{i=1}^{n} q_i + M_{pc}}{\displaystyle\sum_{i=1}^{n}(\beta_i - \beta_{i+1})h_i} \tag{4-26}$$

式中，F_{An}—— 顶层的剪力；

V_{Ai}—— 第 i 层消能梁端剪力。

在确定各楼层剪力后，可确定各层柱和支撑的内力并进行塑性设计，即可得到 K 形偏心支撑框架中各楼层柱和支撑相应的截面。

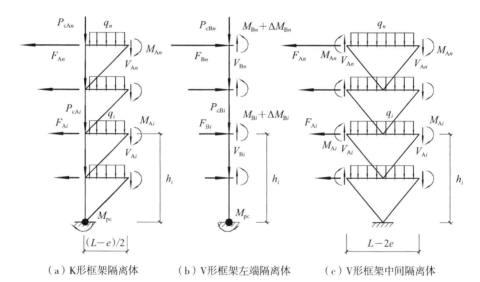

（a）K 形框架隔离体　　　　（b）V 形框架左端隔离体　　　　（c）V 形框架中间隔离体

图 4-25　K 形和 V 形钢框架—偏心支撑结构隔离体图

（3）V 形钢框架—偏心支撑结构

图 4-25（b）、（c）为 V 形钢框架—偏心支撑结构隔离体图。通过分析可得到消能梁段剪力 V_A、靠近支撑端弯矩 M_A、靠近柱端弯矩 M_B、底层柱底塑性弯矩 M_{pc}。

根据图 4-25（b）中的隔离体，可得到柱端隔离体中各楼层侧向力的大小为：

$$F_{Bn} = \frac{\displaystyle\sum_{i=1}^{n} M_{Bi} + \frac{d}{2}\sum_{i=1}^{n} V_{Bi} + M_{pc}}{\displaystyle\sum_{i=1}^{n} (\beta_i - \beta_{i+1}) h_i} \tag{4-27}$$

根据图 4-25（c）中的隔离体，可得到考虑支撑隔离体时的平衡方程式：

$$F_{An} = \frac{2\displaystyle\sum_{i=1}^{n} M_{Ai} + \sum_{i=1}^{n} V_{Ai}(L - 2e)}{\displaystyle\sum_{i=1}^{n} (\beta_i - \beta_{i+1}) h_i} \tag{4-28}$$

在计算得出各隔离体中楼层剪力后，可得到各层柱和支撑内力并进行塑性设计，由此确定 V 形偏心支撑框架中各楼层柱和支撑的截面。

（4）Y 形钢框架—偏心支撑结构

图 4-26 为 Y 形钢框架—偏心支撑结构隔离体图。若柱在梁端形成塑性铰时，考虑放大系数 ξ，需要重新计算柱隔离体中各楼层的侧向力。另外，分析时还需考虑各层梁端剪力对柱产生的弯矩 $V_{pbi}d/2$。

$$F_{bn} = \frac{\displaystyle\sum_{i=1}^{n} \xi_i M_{pbi} + \frac{d}{2}\sum_{i=1}^{n} V_{pbi} + M_{pc}}{\displaystyle\sum_{i=1}^{n} (\beta_i - \beta_{i+1}) h_i} \tag{4-29}$$

$$F_{zn} = \frac{\displaystyle\sum_{i=1}^{n} \xi_i (M_{pbzi} + M_{pbyi}) + \frac{d}{2}\sum_{i=1}^{n} (V_{pbzi} + V_{pbyi}) + M_{pc}}{\displaystyle\sum_{i=1}^{n} (\beta_i - \beta_{i+1}) h_i} \tag{4-30}$$

式中，V_{pbi}——第 i 层梁端塑性剪力，等于 $2M_{pbi}/L_i$；

$\qquad L$——梁长；

$\qquad \xi_i$——第 i 层内力放大系数；

M_{pbzi}、M_{pbyi}——分别为第 i 层梁左、右两端的塑性弯矩；

V_{pbzi}、V_{pbyi}——分别为第 i 层梁左、右两端的塑性剪力。

另外，当支撑刚度与消能梁段刚度比值大于 3.0 后，Y 形钢框架—偏心支撑结构位移值趋于平稳，支撑继续增大对结构的刚度无明显影响。因此，钢支撑刚度与短剪切型消能梁段刚度比值取为 3.0，由此可对支撑截面进行设计。

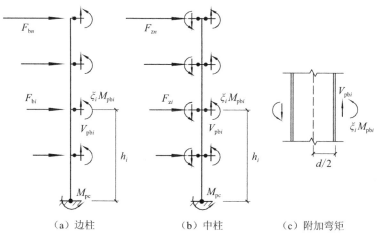

（a）边柱　　　　　　（b）中柱　　　　　（c）附加弯矩

图 4-26　Y 形钢框架—偏心支撑结构隔离体图

4.4　钢框架—偏心支撑结构的抗震性能

4.4.1　分析模型

　　某办公楼为六层 Y 形钢框架—偏心支撑结构，各楼层高度均为 3.3m。结构抗震设防烈度为 8 度（0.2g），场地类别为 Ⅱ 类，设计地震分组为第三组。多遇地震和罕遇地震下的特征周期分别为 0.45s 和 0.5s，各楼层的恒荷载为 5.5kN/m^2，活荷载为 2.0kN/m^2。另外，假定该结构的屈服位移和极限位移分别为 0.5% 和 2%。

　　采用上述基于性能的塑性设计方法，设计某 Y 形钢框架—偏心支撑结构，如图 4-27 所示。采用 SAP2000 开展多遇地震下的弹性分析和罕遇地震下的静力弹塑性分析。其中，框架梁上设置弯矩 M 铰，框架柱上设置 P-M-M 铰，支撑上设置轴力 P 铰，短剪切型消能梁段设置剪力 V 铰。

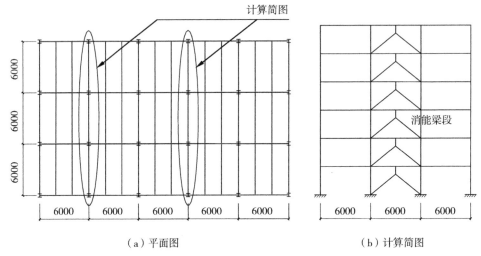

（a）平面图　　　　　　　　　　（b）计算简图

图 4-27　Y 形钢框架—偏心支撑结构的平面图和计算简图

4.4.2　层间位移角

多遇地震下，所设计的 Y 形钢框架—偏心支撑结构层间位移角如图 4-28（a）所示。各楼层层间位移角沿高度变化平缓，说明刚度随楼层高度分布较为合理。最大层间位移角为 1/502，满足小于规范值 1/250 的要求。罕遇地震下，层间位移角如图 4-28（b）所示，各楼层中无明显刚度突变，最大层间位移角为 1/72，小于规范限值 1/50 的要求。

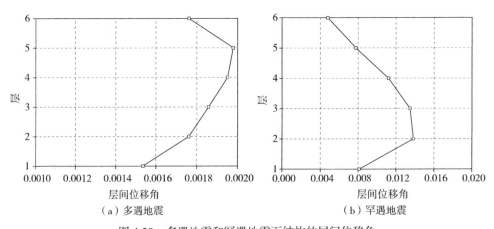

（a）多遇地震　　　　　　　　　　（b）罕遇地震

图 4-28　多遇地震和罕遇地震下结构的层间位移角

4.4.3　塑性铰分布

罕遇地震下，所设计的 Y 形钢框架—偏心支撑结构分析表明，短剪切型消能梁段塑性变形过程耗散了约 80% 的地震能量。另外，从图 4-29 中可知，各层的短剪切型消能梁段在地震作用下率先屈服和耗散，随后 1~4 层的框架梁和底层柱底进入屈服，且各楼层中约 50% 框架梁发生屈服，与预期的屈服机理基本吻合。因此，该种设计方法能简单、合理地设计钢框架—偏心支撑结构，且结构实际屈服机理与预期相符。

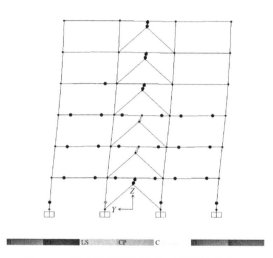

图 4-29　结构达到目标位移时塑性铰的分布

第5章 装配式模块化钢结构体系

5.1 装配式模块化钢结构技术特点

5.1.1 结构特点

装配式模块化钢结构建筑以每个房间作为一个模块单元,在工厂进行预制生产后,运输至现场并通过可靠的连接方式组装成为整体,并满足不同的功能需求,如图5-1所示。模块化建筑可将传统建筑安装与装修90%以上的工序转移至工厂环境下完成,通过海陆多种方式联运实现全球运输。施工现场采用"乐高式"整体吊装,最高可建30层永久性建筑,并实现建筑模块可再分拆、重组、循环利用。与传统建筑方式相比,模块化建筑体系可减少建筑垃圾90%以上,循环利用率达70%,碳排放量减少60%,建设周期缩短70%,是目前全球装配率、循环利用率最高的绿色建造技术,是工业化成品建筑的最高表现形式。

图5-1 装配式模块化钢结构建筑

模块化建筑可分为纯模块结构以及模块与其他体系的混合结构。纯模块结构的抗侧刚度较差，故当建筑高度或高宽比增加，仅靠纯模块结构本身不足以抵抗水平荷载时，可采用模块与其他体系的混合结构。此时，模块单元承受自重和竖向荷载，模块与其他体系共同组成抗侧力体系。使用模块化和其他轻质形式的建筑正在增加。相较于传统方法，模块化建筑结构体系的优点主要包括：

（1）通过重复制造实现规模经济，现场快速安装（每天 10～15 个模块）。

（2）工厂生产中的高水平质量控制，自重较轻，从而节省基础成本，适合场地受限制及工作方法需要更多的非现场制造，且施工现场附近受干扰小。

（3）适用于新建和建筑物改造项目。结构隔声效果极佳，可适应未来的扩展，并且能够轻松拆卸和移动。

（4）坚固性可以通过单元之间的连接实现。另外，高层建筑的稳定性可以由支撑钢芯提供。

（5）自重 1.5～2kN/m^2，适用于 4～10 层建筑，同时可提供 30～60min 的耐火性能，且隔声是通过双层墙和地板提供的。

5.1.2　结构的基本组成与类型

1. 基本组成

装配式模块化钢结构建筑是将民用建筑的功能空间分隔为具有特定功能的模块单元，相关部品实现工业化生产和模块化组装，如图 5-2 所示。钢结构模块建筑是指采用工厂预制的箱式钢结构集成模块，在施工现场组合而成的装配式建筑，也可与框架、钢框架支撑等抗侧力体系共同组成装配式建筑。装配式模块化钢结构建筑是将建筑物的各功能房间先拆分成一个个模块，并运至现场进行安装，具体包括：

（1）模块化单元在工厂内加工。在工厂进行梁、柱、墙体等结构构件拼装，随后在单元内进行围护系统及管线系统安装，并在单元内装修及布置家具家电等过程。

（2）模块单元运输及吊装装配。模块单元在工厂加工完成后，开展运输完备模块单元、模块单元吊装装配和完成建筑外延装饰等过程的工作，可形成装配式钢框架建筑模块。

图 5-2 装配式模块化钢结构基本组成

2. 结构类型

装配式模块化钢结构建筑体系根据承载和传递荷载的方式，可分为承重模块体系、耗能减震模块单元、连续支撑模块体系和角支撑模块体系，具体内容为：

（1）承重模块体系。承重模块的围墙结构具有足够的刚度和连续性，能将重量传递给下面的模块，并最终传递到基础上，如图 5-3（a）所示。墙体采用钢支撑加固，有助于防止厂内移动和搬运、装卸卡车、运输、现场吊装和搬运等过程产生的变形。这种承重模块体系主要应用于低层建筑中。

（2）耗能减震模块单元。这种模块单元主要是在墙体上设置耗能减震的抗侧力构件，使其具有耗能减震和抗侧力双功能，如图 5-3（b）所示。

（3）连续支撑模块体系。构件通常采用冷弯薄壁型钢，临时支撑仅用于运输和吊装，荷载主要通过长边方向墙体承担，如图 5-3（c）所示。为保证结构竖向传力的连续性，长边墙体应竖向对齐、贯通全高。连续支撑型模块化建筑通常是由许多小房间组成，不适用于大开间建筑。

（4）角支撑模块体系。角支撑模块中的角柱承担地面荷载并将其转移到下面的柱子上，如图 5-3（d）所示。基于合理的结构连接设计，该体系能抵抗地震作用和风荷载等水平荷载作用，非常适用于多层建筑中。

（a）承重模块体系

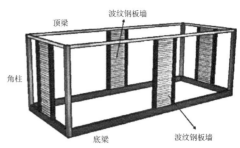

（b）耗能减震模块单元

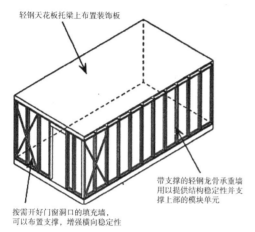

（c）连续支撑模块体系

（d）角支撑模块体系

图 5-3 装配式模块化钢结构建筑

装配式模块化钢结构建筑体系根据侧面墙体布置形式，可分为四边形模块建筑、半开敞模块建筑、开放式模块建筑和混合模块建筑等。

（1）四边形模块建筑。四边形模块建筑形式中，模块制造了 4 个封闭的侧面，以创建封闭空间，旨在通过其纵向墙体传递模块上方的组合垂直荷载和平面内荷载，所提供的蜂窝空间受到运输和安装要求的限制。完全模块化建筑的高度为 6～10 层。

（2）半开敞模块建筑。半开敞模块建筑通过引入转角和中间柱，并在地板中使用刚性连续边梁，可以设计具有部分开放边的四侧模块。开口最大宽度受地板内边缘构件抗弯性能和刚度的限制，且附加中间柱通常是方形空心截面。墙角或内柱抗压强度控制建筑物的最大高度，在 6～10 层可以达到完全模块化结构。

（3）开放式模块建筑。开放式模块建筑可以设计为将荷载通过纵向边缘梁传递到角柱来提供完全开放的侧面。该模块建筑的框架通常采用热轧钢构件的形式。例如，焊接或刚性连接的矩形空心截面，梁柱间采用螺栓连接等。由于开放式模块只能自行稳定一层或两层，因此通常需要引入垂直和水平支撑。

（4）混合模块建筑。混合模块建筑的构造方式与开放侧模块相似，但施加到模块侧面的负载明显更高。这种混合模块和面板的建筑形式通常仅限于 4～6 层的装配式钢结构建筑，并通常用于住宅建筑。

5.2 模型化建筑功能与标准化设计

5.2.1 模块化建筑功能

1. 模块化建筑尺寸选型

（1）箱式模块化建筑模数

根据《建筑模数协调标准》GB/T 50002—2013 规定，建筑的基本模数 M 为 100mm。考虑装配式模块化钢结构建筑功能要求，主要用于建筑物的开间或柱距、进深或跨度的水平扩展子模数宜为 $2nM$ 和 $3nM$（n 为正整数）；建筑物的层间和门窗等尺寸也可按照 nM 模数控制；构配件及细部尺寸可按 $nM/2$、$nM/5$、$nM/10$ 模数考虑。箱式模块的运输主要是以公路运输为主，对于长距离及海外工程则采用水路运输，运输尺寸限值可参照《运输包装件尺寸与质量界限》GB/T 16471—2008 的规定。通常符合公路运输要求的箱式模块均能够达到铁路和水路运输的要求，其外廓的长、宽、高尺寸均不应大于 12.1m、2.5m、3.0m。超出此界限的模块，则应按特殊运输办理。

（2）箱式模块尺寸选型

装配式模块化钢结构建筑中，考虑建筑模数、运输限制及不同功能建筑空间要求，箱式模块的长、宽、高尺寸分别建议为 6000mm ＋ $3nM$（需小于 12100mm）、2500mm、3000mm。上述箱式模块尺寸的建议值应符合相关标准对建筑物开间、进深及层高的扩展模数要求，并满足公路、铁路及水路等条件下的运输限制，同时层高还需满足住宅、酒店、宿舍、办公楼等建筑要求。对于所设计的建筑层高、开间尺寸有更高要求时，箱式模块的尺寸选型应根据运输方式进行分析修改。当前，我国个别新建模块化建筑箱体宽度的最大尺寸达到4000mm。

2. 模块化建筑功能适应性

基于宿舍、住宅和办公楼不同功能建筑的平面布置及要求，可得到各种模块的平面布置方案。

（1）宿舍类建筑

宿舍类建筑的平面布置一般较为规则，房间排布整齐且标准化程度高，非常适用于箱式模块化钢结构建筑，如图 5-4 所示。一个箱式模块化构成一个包含休息区、卫生间、洗浴室和阳台的宿舍，或一个箱式模块构成楼梯间，或两个模块拼装成电梯间等。

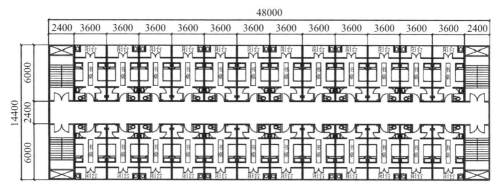

图 5-4　箱式模块化钢结构宿舍建筑

（2）住宅建筑

模块化钢结构住宅建筑的平面空间变化性较多且更为复杂，其首要难点就是如何利用尺寸相对固定的箱式模块构成提供给住户更多的户型与空间，以满足住户的个性化需求。基于合理的设计，可对模块进行多种面积选择，且设计中还能为每个户型预留阳台，甚至大多数户型中还能设计半开放式的庭院，如图 5-5 所示。因此，箱式模块化钢结构建筑也能很好地适用于住宅类建筑。

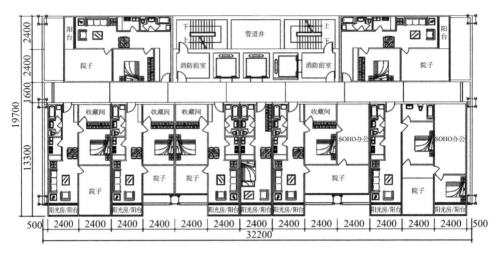

图 5-5　箱式模块化钢结构住宅建筑

（3）办公室建筑

模块化钢结构办公类建筑的净高一般不低于 2.60m。当考虑运输限制方案时，可由 3 个标准开间为 2400mm 的箱式模块组成 2 间办公室，每间办公室的长、宽、高分别为 6000mm、3600mm、3000mm。办公类建筑中的卫生间一般为公共卫生间，可由 3 个标准箱式模块组成。在运输方案允许的情况下，采用宽度为 3600mm 的箱式模块最为合适，由此充分发挥模块化建造的优势。

5.2.2　模块标准化设计

1. 一般规则

模块化设计是一种将复杂建筑系统分解为多个小型、独立模块的设计方法，每个模块都有其特定的功能和职责。模块化设计可以有效提高系统的可维护性、可扩展性和可重复性，并降低系统的复杂性和开发成本。模块化设计需要遵循单一职责原则、开闭原则、里氏替换原则等，以确定模块的稳定性和一般性。

模块化设计的实施需要进行模块化的划分和设计，并需要考虑模块大小、复杂度和耦合度等因素。需要进行模块的接口设计，并考虑模块输入、输出和状态等因素。另外，模块化设计的实施需要进行模块的测试和验证，以及考虑模块功能、性能和安全性等因素。

以一梯两户住宅为例进行平面生成设计研究，每户通常包括 3 个模块单元组成的双人床卧室配置，且每间配有独立卫浴。其中，各模块单元的类型、尺寸、大小可互不相同，但一梯两户的户型是相同的，即整个建筑仅使用 3 个室内户型设计模块单元和 1 个楼梯间走廊模块单元就可完成设计，有效减少了模块单元制造过程，促进了模块建筑的标准化生产。

2. 实施步骤

（1）需求分析

模块化钢结构建筑设计时应综合考虑工程规模、使用功能和安全等级等因素，明确项目需求。随后，根据需求分析结果，设定模块化设计目标，包括成本控制、工期缩短和质量提升等。

（2）初步设计

模块化钢结构建筑初步设计时，需制定模块划分方案和选择合适的模块化技术，具体包括：按照设计方案，将整体结构划分为若干个独立模块，并制定详细的模块规格和连接方式；根据项目需求和模块划分方案，选择合适的模块化技术，如自承重技术、带支撑的框架模块技术等。

（3）深化设计

模块化钢结构建筑深化设计包括细化模块设计和模块模拟分析两部分内容。首先，需要对每个模块进行详细的尺寸、形状、材料、连接方式等方面的设计。其次，使用计算机软件进行模块的模拟分析，以确保模块的安全性和稳定性。

（4）模块制作与运输

模块化钢结构单元安装前，需基于合理设计方法进行模块单元设计，并运输至施工现场，具体包括：在工厂内进行模块的制作，确定制作质量和提高制作效率；将制作完成的模块运送到施工现场，注意保护模块在运输过程中不发生损伤。

3. 基于 BIM 的一体化设计

装配式钢结构模块化建筑中，模块单元需集成 90% 以上的建筑、结构、机电和装修，且需在工厂内完成。为保障模块内各专业工作的顺利开展，最大限度地减少现场工作，需在满足模块组成的建筑功能、外观方案等前提下，充分考虑模块生产质量、成本、效率和施工质量等，由此对结构进行优化和提升，并实现模块化钢结构建筑工业化、产品化和装配化的目标。

　　基于 BIM 技术的模块化钢结构建筑一体化设计，需保证设计—生产—施工的相互配合，如图 5-6 所示。每一个模块单元的设计过程中，需以建筑专业为主导，各专业通过 BIM 完成协同设计，减少后期因各专业设计不统一产生的设计变更，由此提高设计的可生产性和可装配性。待全部工作完成时，形成相应的图纸，用于指导生产和施工。

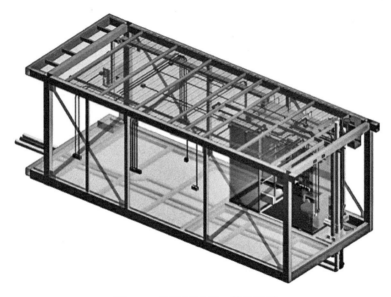

图 5-6　基于 BIM 的一体化设计

　　为了提高生产和施工的质量及效率，模块内的建筑、结构、机电和装修采用标准化的构配件和接口。基于模数化的理念，遵循少规格、多组合的原则，尽最大可能提高材料的通用性。当模块作为独立房间时，电气管线统一预留标准化接口，便于在现场和公共区域连接。另外，给水排水管道、消防和喷淋等管道应设置在房间外侧的管井中，以便于上下层模块管道的连接和后期检修。

5.3　连接节点

5.3.1　基本组成

　　装配式模块化钢结构建筑体系整个结构由若干个模块单元装配而成，如图 5-7（a）所示。模块单元在工厂施工预制完成，包括框架梁、框架柱、围护结构等，在施工现场进行吊装，单元与单元之间能够通过高强度螺栓和连接件进行连接。因此，模块化钢结构连接节点对模块化钢结构建筑实现装配化及确定整体结构抗震性能至关重要。

　　装配式模块化钢结构体系中，各个模块之间的连接节点主要采用角柱节点、中柱节点和边柱节点，如图 5-7（b）～（d）所示。为了提高模块化建筑的受力性能和可施工性，越来越多的模块间的连接方式被提出。模块之间的连接不建议现场焊接，因为在有限的空间内进行焊接工作需要高技能的劳动力，而且通常需要在焊接后进行耗时的检查。

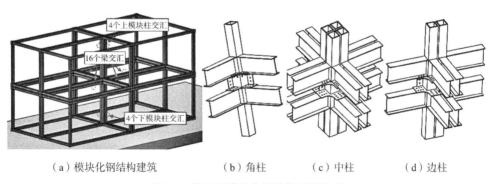

（a）模块化钢结构建筑　　（b）角柱　　（c）中柱　　（d）边柱

图 5-7　装配式模块化钢结构连接节点

5.3.2　插入式连接节点

　　插入式连接节点包括半装配式和全装配式两种，如图 5-8 所示。插入式连接节点是通过十字形插销连接件、连接件和高强度螺栓等，将模块、地板梁和天花板梁进行连接。其中，地板梁和天花板梁与相邻框架柱焊接连接，模块间均采用高强度螺栓连接。半装配式模块化钢结构插入式连接节点具有节点构造简单、施工方便等优点，但在地震作用下节点域可能会出现应力集中现象。全装配式插入式连接节点在半装配式连接节点的基础上，设置了 T 形连接件和金属摩擦板，高强度螺栓穿过 T 形连接件、金属摩擦板、框架柱和框架梁，以实现模块间的可靠连接，并解决节点域应力集中问题，提高节点耗能能力。

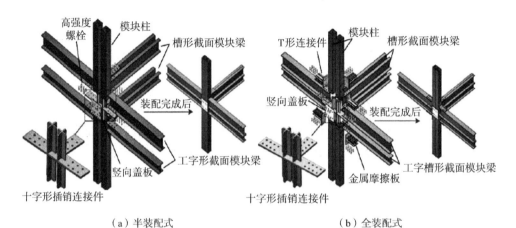

（a）半装配式 　　　　　　　　　　　　（b）全装配式

图 5-8　插入式模块化钢结构连接节点

5.3.3　角件旋转式连接节点

角件旋转式连接节点，主要包括角件和连接件。其中连接件包括连接板部分、上旋转件部分、下旋转件部分和紧固螺母部分，如图 5-9 所示。角件布置在模块单元的 4 个角部，在工厂中将模块梁与模块柱进行焊接连接，以形成模块单元，同时该角件可以作为单元运输的固定点以及吊装时吊点。角件上的连接孔可以作为节点连接时的操作孔，且无须预留施工孔洞。模块间连接时，将连接件放置在下层模块单元角件上，吊装上层模块单元使上旋转件插至上层单元角件中，然后通过角件操作孔手动将上旋转件旋转 90°。通过联动件带动下旋转部分同步旋转，并利用钎杆通过螺母上楔形槽将其紧固，由此实现上下模块单元连接。该种连接节点具有受力明确、施工便捷、不影响建筑功能等优点，有效解决了模块建筑角部及边部的连接问题。

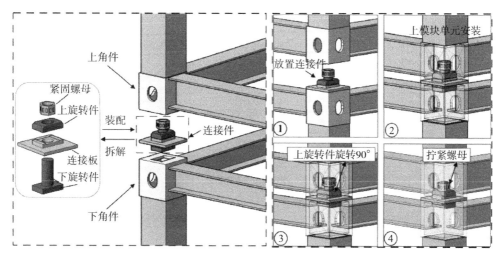

图 5-9　角件旋转式模块化钢结构连接节点

5.3.4　插入自锁式连接节点

传统模块化钢结构连接节点主要采用高强度螺栓连接和焊接连接，施工时均需要留有施工空间，增加了节点施工复杂性。一种用于模块化钢结构连接节点中的插入自锁式连接件，具有不需要施工空间、自动补偿加工误差、快速解锁等特点，如图 5-10 所示，主要包括插杆、锥形卡笋、套筒、限位块、复位弹簧、安全弹簧、外定位筒、内定位筒、定位板、定位螺杆、解锁板、解锁杆和解锁千斤顶等。

插入自锁式连接件主要特点包括：

（1）插杆、锥形卡头和套筒是插入自锁连接件的主要受力零件，承受作用于连接件的拉力与剪力。

（2）限位块、复位弹簧和安全弹簧是起到辅助作用的零件。

（3）外定位筒、内定位筒、定位板和定位螺杆是定位装置，主要起到定位和固定的作用，不承受连接件受到的轴力和剪力。

（4）解锁板、解锁杆和解锁千斤顶的主要作用为解锁功能，不需要解锁功能时可不安装。

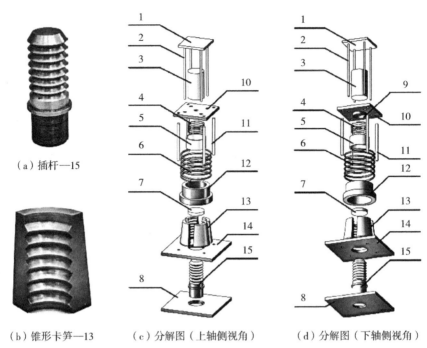

（a）插杆—15

（b）锥形卡笋—13　　　（c）分解图（上轴侧视角）　　　（d）分解图（下轴侧视角）

图 5-10　插入自锁式模块化钢结构连接件

1—解锁板；2—解锁杆；3—解锁千斤顶；4—安全弹簧；5—外定位筒；
6—复位弹簧；7—限位块；8—下模块柱顶板；9—内定位筒；10—定位板；11—定位螺杆；
12—套筒；13—锥形卡笋；14—上模块柱底板；15—插杆

5.3.5　内套筒外盖板连接节点

内套筒外盖板模块化钢结构连接节点包括中柱、边柱和角柱节点，如图 5-11 所示。各模块间主要通过模块梁与模块柱间的加劲肋、内套筒和外盖板，并采用高强度螺栓进行连接。每个内套筒之间根据中柱、边柱和角柱连接节点分别设置 4 个、2 个和 1 个内置方管。内置方管外径与模块柱内径相等，且内套筒之间的间距略大于相邻外套筒的壁厚之和。内置方管中间需设置一块连接板，且连接板与加劲肋相交的位置需开设螺栓孔。

安装时，首先需要将下部模块进行定位，随后采用内套筒将下部模块中的模块柱进行固定，并在内套筒上部安装钢结构模块单元。对于中柱，可将内套筒与模块柱、加劲肋与内套筒连接板之间通过高强度螺栓连接。对于边柱和角柱，除在上述连接部位进行螺栓连接外，还需在端部分别设置外盖板，并将上、下端模块柱进行螺栓连接。内套筒外盖板模块化连接节点可有效提高安装效率，保证连接处具有足够的承载能力和变形能力，并减小施工误差和应力集中现象，也可快速拆卸并重复使用。

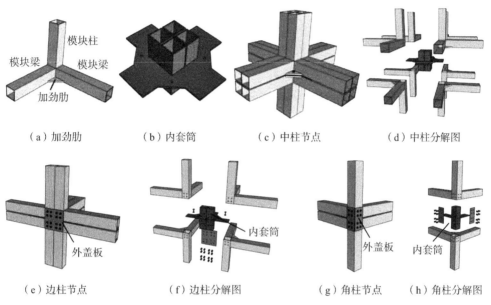

|（a）加劲肋|（b）内套筒|（c）中柱节点|（d）中柱分解图|

|（e）边柱节点|（f）边柱分解图|（g）角柱节点|（h）角柱分解图|

图 5-11　内套筒外盖板模块化钢结构连接节点

5.4　围护系统

模块化钢结构建筑中，由于结构方式与结构材料的改变，使得围护结构设计需从整体设计理念到构造细节都应有别于传统工程设计，且围护结构节点、屋面、幕墙和围护结构影响的防腐、防火及保温等方面的设计应尽量满足整体性要求。

5.4.1　外围护系统

装配式模块化钢结构外围护系统的设计使用年限应与主体结构设计使用年限相适应，包括防水材料、保温材料、装饰材料等构件的设计使用年限及使用维护、检查及更新要求。外围护系统与模块间的连接件耐久性也不应低于外围护系统的设计使用年限。外墙围护系统选型应根据不同建筑类型、结构形式进行确定，具体类型包括：

（1）装配式轻质条板＋保温装饰一体板的外墙围护系统。

（2）装配式骨架复合板外墙围护系统。

（3）装配式预制大板外墙围护系统。

（4）当有可靠依据时，也可采用其他满足力学性能和物理性能的预制墙板。

外墙板可采用内嵌、外挂和嵌挂结合等方式与主体结构进行连接，并宜分层悬挂或承托。围护系统的保温构造形式可采用单一材料自保温系统、外保温系统、夹心保温系统和内保温系统等。外墙板与主体结构的连接应符合以下规定：

（1）外墙板与主体结构连接节点在保证结构整体受力的前提下，应具有受力明确、传力简单、构造合理、承载力高等特点。此外，连接节点在整个结构受力过程中不宜发生破坏。当有单个连接节点发生失效时，外墙板不应掉落。

（2）连接部位应采用柔性连接方式，连接节点应具有适应主体结构变形的能力。节点设计应便于工厂加工、现场安装就位和调整。连接件的耐久性应满足设计使用年限的要求。

外墙围护系统墙板应满足装配式模块化钢结构在正常使用下的抗风、抗震、撞击和防火等安全性能要求，以及水密性能、气密性能、隔声性能、保温隔热性能等均应满足耐久性要求，具体性能特点包括：

（1）一体化成型。外墙板应具备一体化成型的特点，根据不同的模块尺寸定制不同尺寸的围护墙板，并且应达到工厂化生产要求。

（2）重量轻。外墙板中的钢架被包裹在保温墙体内，用钢量少、质量轻，与模块化钢结构主体承载力更契合。

（3）强度高、硬度大。外墙板应采用强度高，硬度大的材料，并且在组合中更应考虑抗冲击力的能力。

（4）耐火、防水、防腐蚀。外墙板之间的连接应符合水密性和气密性要求，在材料上更应采用 A 级耐火材料；钢架应具有良好的耐候性和耐腐蚀性。

（5）保温隔声。围护系统的保温和隔声是最基本的要求。冷热桥的处理是保温的关键，也是技术难点，需在模块化结构中体现出来。

（6）施工方便快捷。工厂化生产，使得现场施工更便捷，干式施工又减少了建筑垃圾的产生，同时加速了工期的进程。

5.4.2　内装系统

1. 主要类型

装配式模块化钢结构内装系统应满足轻质、高强、防火、隔声等要求，卫生间和厨房的隔墙应满足防潮要求。可选用下列内隔墙系统类型：

（1）装配式轻型条板隔墙系统。

（2）装配式骨架复合板隔墙系统。

（3）当有可靠依据时，也可采用其他满足力学和物理性能的预制墙板。

内装系统的空气声隔声性能应符合现行国家标准《住宅设计规范》GB 50096 的有关要求。内隔墙材料的有害物质限量应符合现行国家标准《建筑用墙面涂料中有害物质限量》GB 18582 的有关规定。

另外，模块单元内部轻质隔墙宜采用轻钢龙骨隔墙等，并符合下列规定：

（1）隔墙宜结合内管线的敷设进行构造设计，避免管线安装和维修更换对墙体造成的破坏。

（2）室内宜结合隔墙构造进行隐蔽设计，避免明管明线。

（3）隔墙饰面应高于吊顶完成面，确保隔墙基层隐蔽。

（4）隔墙龙骨应固定在混凝土楼板及模块梁上，不宜采用混合加固方式。

2. 生产加工内容

内装部品的生产加工包括深化设计、制造、组装、检测和验收，并应符合以下规定：

（1）内装部品生产前应符合相应结构系统及外围护系统上预留洞口的位置和规格等。

（2）生产厂家对出厂部品中每个部品进行编码，并宜采用信息化技术对部品进行质量追溯。

（3）在生产时宜适度预留公差，并应进行标识。标识系统应包含部品编码、使用位置和生产规格等信息。

（4）内装系统中各部品生产应使用节能环保材料，并应符合现行国家标准

《民用建筑工程室内环境污染控制标准》GB 50325 的有关规定。

（5）内装部品生产加工应根据设计图纸进行深化，并满足性能指标要求。

3. 其他规定

楼地面系统宜选用集成化部品和干式施工工法饰面材料，并应符合以下规定：

（1）瓷砖地面宜采用薄贴做法。

（2）复合木地板地面宜采用实铺式做法。

（3）地胶地面宜采用干式卡扣连接做法。

（4）地毯地面宜采用免胶做法。

（5）架空地板地面架空高度应根据管线尺寸、路径等确定，并设置检修口。

（6）潮湿区域楼地面宜采用防滑、防潮类部品，并在模块内完成防水处理。

模块单元内部的吊顶系统应满足净空需求，并符合以下规定：

（1）天花饰面宜采用具备装配特点的扣板天花系统或铝板天花系统。

（2）吊顶系统宜使用轻钢龙骨系统作为固定构件。

（3）吊顶内设备及管线集中位置应设计检修口。

（4）吊筋应与模块框架梁焊接，且不应与顶板直接焊接。

（5）天花边沿处宜使用金属收口条或成品收口构件进行收口。

5.4.3 设备与管线

1. 基本要求

装配式模块化钢结构建筑中，设计师与设备工程师应反复沟通协调，并通过采用空间转化和管线集成等方法，达到兼顾建筑功能与设备使用要求的目的。设备与管线在模块化单元中应符合以下规定：

（1）装配式钢结构模块化建筑的设备与管线应符合国家现行标准《建筑内部装修设计防火规范》GB 50222、《住宅室内装饰装修设计规范》JGJ 367 等有关规定。

（2）设备与管线的抗震设计应符合现行国家标准《建筑机电工程抗震设计规范》GB 50981 的有关规定。

（3）设备及管线的连接应采用标准化接口，应选用耐腐蚀、抗老化、连接可靠的管线及设备。

（4）设备管线系统应采用建筑信息模型技术，机电设备管线宜共用支吊架并满足一体化预制要求。

2. 布置和安装规定

装配式钢结构模块化建筑设备与管线的布置和安装应符合下列规定：

（1）设备与管线的布置应减少上下模块间的管线竖向连接，并宜布置在架空层或吊顶内。

（2）设备与管线宜集中布置在上下层、多系统管线连接的管道井内，并应设置隔断和保护。

（3）应结合模块化钢结构建筑的特点，区分工厂与现场安装的工作内容。

（4）当管线跨越模块时，应结合内装设计预留对接槽口。

（5）当工厂内安装的管道、设备固定在钢结构构件上时，应采用专用固定件，且宜在工厂完成与钢结构的固定，不得影响构件的完整性与安全性。

（6）当设备管线穿越预制楼板或预制墙体时，应在工厂内预留套管或孔洞，不应在模块单元安装后凿剔沟、槽、孔洞。

（7）当设备、管线穿越楼板、墙体时，应采取防水、防火、隔声、密封、保温隔热等措施，防火封堵应符合现行国家标准《建筑设计防火规范》GB 50016的有关规定。

5.5　生产与运输

基于模块化装配建筑的要求，在工厂制造过程中需进行结构体系制造、建筑围护体系安装和设施设备的集成安装，同时还需要考虑生产、运输、安装和使用等不同阶段对于建筑模块的影响。通过结构、围护、设备的一体化制造，可以综合确定各部分规格和布局，防止出现不同部件之间位置和功能冲突，并提高生产效率；同时通过设计、制造、运输、安装一体化，可以综合考虑不同工作状态下模块的构造要求，优化各环节，减少全过程中发生损坏或者返工的可能性。

5.5.1　模块单元生产

1. 生产准备

模块化钢结构模块生产前，生产单位应制定包括场地布置、生产工艺、模具、生产计划、检验等内容的生产策划。模块单元生产中每道工序完成后应经专业质检员验收合格并标识，隐蔽工程应有隐蔽验收记录。

模块单元生产应具备加工详图，加工详图应包括模块单元的单箱结构图、模块单元及连接件平面布置图、连接件加工详图、机电设备布置图、内装施工图、保温和密封与饰面等细部构造图等。

模块单元生产前，应编制模块单元的生产方案并进行技术交底，模块单元的生产方案应包含生产计划及生产工艺，钢结构、机电、内装生产采购计划及组装方案，质量控制措施和物流管理计划。此外，还应设计相应的吊具，保证生产、运输及安装时模块的平衡及安全。模块单元生产线应在模块单元生产前做好场地、人员、设备及安全防护等准备，并选择适宜的场内运输及起重工具。

2. 工厂集成生产

模块单元钢结构、基层墙体、楼板、顶板和设备管线的生产、安装、集成宜在工厂内完成。钢构件的加工工艺和加工质量应符合现行国家标准《钢结构工程施工规范》GB 50755 和《钢结构工程施工质量验收标准》GB 50205 的有关规定。模块单元间的连接界面应保持清洁，且模块单元应根据钢结构油漆配套要求和油漆工艺要求涂刷中间漆和面漆等。

给水排水系统、通风与空调系统的安装和质量应符合现行国家标准《建筑给水排水及采暖工程施工质量验收规范》GB 50242、《通风与空调工程施工质量验收规范》GB 50243 和《通风与空调工程施工规范》GB 50738 的有关规定，并应符合下列规定：

（1）在具有防火或防腐保护层的结构上安装管道设备及支架时，不应损坏钢结构的防火或防腐性能。当不可避免时，应对被损坏部位进行修补。

（2）布置在吊顶内或架空层等位置的管道应采取防腐蚀、隔声减噪等措施。

（3）安装过程中应对已安装设备及管线预留接口做好成品保护，避免损坏及杂物入内。设备管线接口的预留形式和位置应便于检修。

（4）模块单元内管道在工厂安装完成后应进行压力试验或灌水试验，并填写检验记录，隐蔽工程管道在验收合格后方可进行隐蔽。

电气系统安装应按现行国家标准《建筑电气工程施工质量验收规范》GB 50303 和《智能建筑工程施工规范》GB 50606 的有关规定执行，并应符合下列规定：

（1）预留孔洞及预埋管线应在工厂生产阶段完成。

（2）电气设备与模块单元结构的连接宜采用标准化接口，大型灯具、桥架、母线、配电设备等应通过预埋件与模块单元结构固定牢靠。

（3）设备安装完成后，预留孔洞和缝隙应采用填充材料进行封堵。

（4）电气设备的安装及调试应在装饰装修工程前完成，封闭墙面板材前所有电气线路应完成点对点测试。

模块单元的装饰装修工程应符合现行国家标准《住宅装饰装修工程施工规范》GB 50327 的有关规定，满足安全、环保、美观等要求，并应符合下列规定：

（1）装饰装修工程应以模块框架柱为基准点，在地面上完成基层的放线和完成面的放线，在竖向位置完成一米线的放线，并严格安装内装部品。

（2）楼地面系统、轻质隔墙系统、天花吊顶系统宜依次配合安装。

（3）厨房、卫生间应确保不发生渗漏，水电装修应预留水电检修口。

（4）吊顶连接件应考虑运输途中振动的影响，采取防脱落措施。

（5）出厂前安装的家具，应与地面或墙体固定牢靠，家具门等应临时固定。

（6）装饰装修工程成品和半成品应及时做好保护，不得污染和损坏。

5.5.2　模块单元运输

1. 模块单元吊装

（1）模块单元吊装的吊具和起重设备应根据模块的形状、尺寸、重量和作业半径等要求确定，并应符合国家现行有关标准及产品应用技术手册的规定。

（2）模块单元吊装应采用符合承载力的平衡吊架，且吊架与模块单元之间的水平可用倒链或长短吊链等方式控制。

（3）吊点数量、位置应经计算确定，保证吊具连接可靠，起重设备的主钩位置、吊具及构件重心在竖直方向上重合。

（4）吊索水平夹角不应小于 45°，不宜小于 60°。

（5）模块单元的吊装应采用慢起、稳升、缓放的操作方式，且在吊装过程中应保持稳定，不得偏斜、摇摆、扭转和长时间悬停在空中。

（6）模块单元吊装过程中应采取避免变形和损伤的临时加固措施。

121

2. 运输与存放

模块单元在运输和现场存放过程中，需符合以下规定：

（1）模块单元运输时应满足道路运输的相关要求。

（2）模块单元运输时应采取相应加固措施，防止模块移动、倾倒或变形。

（3）模块单元开口位置应设置封盖物，防止雨水进入模块内部。

（4）模块单元存放场地应平整、坚实，并应有排水措施。

（5）模块单元存放库区宜实行分区管理和信息化台账管理。

（6）模块单元应按照一定的产品品种、规格型号、检验状态分类存放，产品标识应准确、清晰、明显。

（7）模块单元应依据组装顺序有序堆放，相互之间留置一定的间隙。多层模块单元堆放时，应加设临时固定措施以保障堆放安全，且竖向堆放不宜超过3层。

第6章　装配式钢结构建筑增量成本及效益评价

6.1　EPC总承包模式下装配式建筑增量成本及效益

6.1.1　EPC总承包的定义与特点

1. 基本定义

设计—采购—施工（Engineering Procurement Construction，EPC）总承包，是指由工程总承包企业依据规定承担工程项目的设计、采购、施工和试运营等工作，并对工程的质量、安全、工期、造价全面负责的项目模式。一般来说，招标方想要建设一个项目，需要公开招标一个总承包商，项目从设计到建成均由该承包商负责，业主只要接受项目交付即可。EPC总承包合同结构如图6-1所示。

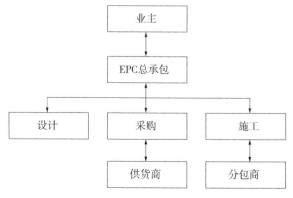

图6-1　EPC总承包合同结构图

2. 主要特点

EPC 总承包的主要特点包括：

（1）固定总价合同，有利于控制成本。EPC 总承包模式下，常采用固定总价合同，并将设计、采购、施工等工作作为整体分包给工程总承包商。整个过程中，业主本身不参与项目的具体管理，可将工程风险转移给工程总承包商。

（2）有利于设计优化、缩短工期。EPC 总承包模式下，有助于提高全面履约能力，确保质量和工期，业主与承包商的责任分工明确。EPC 总承包把大部分项目风险转移给工程总承包商，且工程总承包商在经济和工期上有较大的责任和风险。

（3）责任明确，业主管理简单。EPC 总承包模式下，工程总承包商是工程的第一责任人。在项目施工过程中，有效减少了业主与设计方、施工方的协调工作，同时有效避免了各种争端。

3. 增量成本分析思路

由于 EPC 总承包模式下装配式建筑成本控制中需要涉及设计、采购、施工三方因素，传统建筑工程成本计算方法无法直观分析 EPC 总承包模式下的装配式建筑成本变化因素。因此，为了有效划分 EPC 总承包模式下的成本构成要素，需先确认 EPC 总承包模式下装配式建筑的成本管理成本基础思想和 WBS 工作分解法等。

（1）精益成本管理（Lean Costing Management，LCM）

将项目所有环节的成本优化理念通过供应链方式结合在一起，并将设计、采购、施工各阶段的项目成本层层控制，以达到整个项目的成本最优化效果，由此最大限度地满足业主需求，提升 EPC 总承包模式下装配式建筑领域的竞争力。

（2）全生命周期成本理论（Life Cycle Cost，LCC）

通过全生命周期中各项内容产生的所有费用，掌握项目的整体成本体系。EPC 总承包模式下的装配式建筑项目全生命周期成本主要包括设计、采购、施工和运营过程中产生的所有费用。承包商需从设计阶段开始参与成本控制，并逐步形成全生命周期成本控制体系。

（3）工作分解结构（Work Breakdown Structure，WBS）

将项目按一定的原则分解，例如，可依据建筑类型、建筑结构、技术类型等对项目要素进行分组。通过 WBS 工作分解法，可将 EPC 总承包模式下的装配式建筑成本分为设计阶段成本、预制构件生产运输阶段成本、施工阶段成本。

装配式建筑的建造方式由传统的现浇模式转变成装配式模式，即需要按设计、运输和施工阶段的成本控制点逐一分析。在上述转变过程中，增加的经济成本称为该项目的"增量成本"，分析思路如图 6-2 所示。

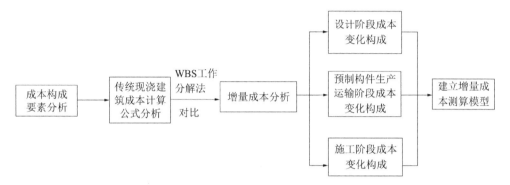

图 6-2　EPC 总承包模式下装配式建筑增量成本分析方法

6.1.2　DEMATEL 分析方法

1. 基本概述

决策实验室分析法（Decision-making Trial and Evaluation Laboratory，DEMATEL）是系统科学的一种方法论，在 1971 年日内瓦会议上由美国 Battelle 实验室的学者 Gabus 等提出，主要运用图论和矩阵工具的系统分析的方法。通过系统中各要素之间的逻辑关系和直接影响矩阵，可以计算出每个要素对其他要素的影响度以及被影响度，从而计算出每个要素的中心度与原因度，由此作为构造模型的依据确定要素间的因果关系和每个要素在系统中的地位。

2. 计算步骤

DEMATEL 主要包括以下计算步骤：

（1）确定关键影响因素 X_i（$i = 1, 2, 3, \cdots, 16$）；

（2）建立直接影响矩阵 A。通过 0—4 数值法展示了各因素之间的直接关系矩阵 $A(X_{ij})_{16 \times 16}$；

（3）计算直接影响矩阵 B，对直接影响矩阵 A 根据下式进行标准化处理：

$$B = \frac{A}{\max_{1 \le i \le 16} \sum_{j=1}^{16} x_{ij}} \qquad (6\text{-}1)$$

（4）根据直接影响矩阵 B 计算综合影响矩阵 T，具体表示为：

$$T = B(I-B)^{-1} \qquad (6\text{-}2)$$

式中，I——单位矩阵。

（5）计算各因素的影响度 D_i、被影响度 C_i、中心度 M_i、原因度 R_i，并基于综合影响矩阵 T 分析计算所得：

$$D_i = \sum_{j=1}^{16} T_{ij} \, (i = 1, \ 2, \ \cdots, \ 16) \qquad (6\text{-}3)$$

$$C_i = \sum_{j=1}^{16} T_{ij} \, (i = 1, \ 2, \ \cdots, \ 16) \qquad (6\text{-}4)$$

$$M_i = D_i + C_i \, (i = 1, \ 2, \ \cdots, \ 16) \qquad (6\text{-}5)$$

$$R_i = D_i - C_i \, (i = 1, \ 2, \ \cdots, \ 16) \qquad (6\text{-}6)$$

（6）结合单位矩阵 I 和综合影响矩阵 T，可得到整体影响矩阵 E 为：

$$E = I + T \qquad (6\text{-}7)$$

6.1.3 EPC 总承包模式下增量成本和增量效益

1. 增量成本

一般来说，狭义的增量成本是指因实施某项具体方案而引起的成本。广义的增量成本是指两个备选方案相关成本之间的差额，又称为差量成本。装配式建筑的增量成本是指采用装配式建造方式后，在"基准成本"下额外增加的成本投入。其中，"基准成本"是指采用传统现浇建造方式建造出相同标准的建筑所需的成本。基于 DEMATEL 模型分析 EPC 总承包模式下装配式建筑成本增量包括设计阶段、预制构件生产运输阶段和施工阶段中的增量值。与传统建筑相比，装配式建筑的造价组成更为复杂和差异。除直接费用外，还需计入装配式构件的生产、运输、安装等费用。

2. 增量效益

EPC 总承包模式下的增量效益是指由一定投入所带来的产出收益，主要是以价值的形式体现，主要包含经济、环境、社会效益。其中，经济效益是指经济生产活动对投资回报的效果和收益；环境效益是指生产过程中，通过降低原材料损耗、减少污染物的排放、提高资源的利用率等方式使环境效益达到最佳；社会效益是指对整个社会发展带来积极推动作用，应顺应国家发展方向和满足人民群众最根本利益。与采用传统现浇建造方式相比，相同标准下，装配式建筑在采用装配式建造方式时具有更多的增量效益。

6.2　价值工程基本理论

6.2.1　理论概述

价值工程（Value Engineering）又称为价值分析（Value Analysis），是美国工程师 Miles 在 20 世纪 40 年代创立的。价值工程是通过各相关领域的协作工作，系统分析所研究对象的功能与成本系统，以及通过不断创新提高所研究对象的价值。价值工程的核心是对研究对象进行详细的价值成本分析，并通过剥离价值小且代价高的项目，同时保留价值影响大且成本低的项目。价值工程的基本流程如图 6-3 所示。

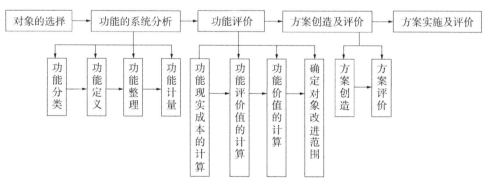

图 6-3　价值工程的基本流程

6.2.2　功能、成本和价值

功能、成本和价值的基本概念分别为：

（1）功能（Function Worthy）是指对象能满足某种需求的一种属性，是产品满足用户某种需求的能力。

（2）成本（Total Life Cycle Cost）是指为实现产品的功能所消耗资源的货币表现形式，具体为获取产品功能所支付的费用。

（3）价值（Value Index）是产品所具有的功能与为获取该功能所付出的成本的比值，价值系数是指产品功能与成本的比值。价值 V 的概念公式为：

$$V = \frac{F}{C} \qquad\qquad (6\text{-}8)$$

式中，F——功能；

$\quad\ \ C$——成本。

6.2.3　EPC 总承包模式中引入价值工程

目前，常用的装配式成本效益相关分析方法有财务评价法和模型法。其中，财务评价法是指通过分析装配式建筑各类经济评价指标，进行装配式建筑成本效益的相关分析。模型法主要有层次分析法、系统动力学理论等。然而，EPC 总承包模式下，装配式建筑从设计阶段到构件安装阶段的增量成本中，未考虑资金的时间价值，与财务评价法和模型法的内容均不相符。

在装配式建筑的建造方式中引入价值工程，EPC 总承包模式下装配式建筑较传统现浇建筑产生的增量成本可以看作价值工程中的费用支出，在生产方式转变时创造更多的价值。利用价值工程分析 EPC 总承包模式下装配式建筑产生的增量效益和增量成本的比值，可以合理评价 EPC 总承包模式下装配式建筑的价值，明确发展 EPC 总承包模式下装配式建筑的效益优势。因此，可选用价值工程法进行 EPC 总承包模式下装配式建筑成本效益分析。

（1）价值系数 $V > 1$

$V > 1$ 表示 EPC 总承包模式下装配式建筑产生的增量效益大于产生的增量成本，即采用 EPC 总承包模式下装配式建筑项目开发可带来较高的环境效益、社会效益和更高的利润，有利于持续推动装配式建筑的发展。

（2）价值系数 $V < 1$

$V < 1$ 表示 EPC 总承包模式下装配式建筑产生的增量效益小于产生的增量

成本，即选择 EPC 总承包模式下装配式建筑带来的收益无法充抵其增加的成本，从而造成项目亏损。

（3）价值系数 $V=1$

$V=1$ 表示 EPC 总承包模式下装配式建筑产生的增量效益刚好可以冲抵其产生的增量成本。此时，若优先采用装配式建造方式，可以开拓装配式建筑市场，并带来良好的综合效益。

6.3　BIM 技术增量成本应用和构成要素

6.3.1　BIM 在 EPC 总承包模式中的应用

EPC 总承包模式一体化全流程管控是对装配式建筑全生命周期中各专业、环节和业务的综合信息管理，BIM 技术可提供建筑全生命周期从设计、采购到施工等阶段的综合数据。因此，EPC 总承包和 BIM 可完美契合，并提高 BIM 的实用价值。

（1）设计阶段分析

在 EPC 总承包项目的设计阶段，利用 BIM 技术可对建筑、结构和机电等专业的图纸提前进行碰撞检查，有利于发挥设计在 EPC 总承包项目管理的主导性，并发现各专业之间的冲突和降低项目的成本。基于 BIM 技术的三维可视化，可对机电管线进行合理排布和深化设计，提高图纸准确性，避免因图纸问题产生返工、误工等。基于 BIM 技术还能将各专业图纸建造流程以三维形式演示出来，减少设计施工的技术交底时间，提高设计和施工效率，节省 EPC 总承包项目成本。

（2）采购阶段分析

在 EPC 总承包项目的采购阶段，通过 BIM 模型信息可以精确、高效地计算 EPC 总承包项目各专业的工程量，提高工程量清单的准确性，保证 EPC 总承包企业在采购阶段控价的精准性和合理性。另外，采购人员可以根据 BIM 模型导出进度计划图来确定采购时间，保证采购时间与实际需要一致，从而避免因材料滞后而产生工期延误和增加项目成本。

（3）施工阶段分析

在 EPC 总承包项目的施工阶段，基于 BIM 技术的场地布置、施工模拟和变更管理等功能，可以有效避免施工中可能出现的返工和误工等，节约建造工期。将 BIM 技术运用到 EPC 总承包项目的成本偏差中，可以自动统计项目工程量和直接汇总实际成本，并对成本数据进行全面分析，以及对成本超支范围及时采取控制措施，从而实现项目成本的过程控制。

在 EPC 总承包模式下，设计与施工一体化管理，项目管理目标一致。基于 BIM 技术，可以加强 EPC 总承包企业的统筹协调管理能力，保障各阶段深度交叉，以及提高 EPC 总承包企业的主观能动性，从而实现建造资源整合和优化，有利于项目全过程成本控制。因此，BIM+ 装配式 +EPC 是一种以建筑大数据为核心驱动的新型发展模式。装配式建筑企业应充分利用 BIM 等技术实现建筑智能规划、设计、建造、运维管理，同时还应借助信息平台化技术打通各环节、专业和参与方的数据壁垒，探索 EPC 总承包管理模式，推进装配式建筑一体化建造的实施和推广，并实现建筑工业化和数字化的深度融合。

6.3.2 基于 BIM 的增量成本计算流程

EPC 总承包模式下的装配式建筑项目，由业主方提出投资理念及目标，EPC 总承包企业对整个项目全过程负责管理，参与方包括设计方、工厂商、材料供销商、施工方、监理方等众多单位。基于 BIM 技术，总承包企业可以通过建立 BIM 信息平台与各个单位沟通、协同，并对整个项目过程信息及时传输交流，有效提升生产和管理效率。BIM 技术的系统性、综合性、数字化和智能化等特点，有助于实现装配式建筑信息共享及实时管理，提高 EPC 总承包企业对项目成本的控制能力。另外，使用 BIM 软件可以将项目数据导入清单，并得到各个成本子项信息和增量成本结果，计算流程如图 6-4 所示。

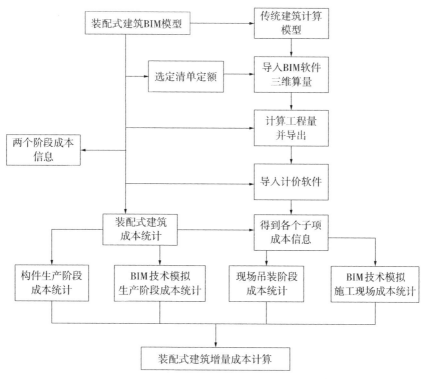

图 6-4　基于 BIM 的增量成本计算流程

6.3.3　设计阶段增量成本测算

EPC 总承包模式下，装配式钢结构建筑的设计成本占总成本的 2%～3%，但对整体造价的影响高达 70%～80%。处理好设计阶段的成本控制是 EPC 总承包模式下装配式建筑项目取得成功的关键问题之一。在 EPC 总承包模式的设计阶段，将 BIM 技术应用于装配式钢结构建筑深化设计、创建预制构件库、节点模拟优化和工程计量等方面，可以减少施工项目变更和降低项目成本。将构件参数输入 BIM 精细化模型的构件属性信息中，并利用 GFC 插件导入广联达算量软件中，即可精确统计出此项目基本工程量，提高工程算量精度。

与传统建筑建造过程相比，装配式钢结构建筑设计阶段的增量主要体现在项目设计阶段进行信息化管理费用和预制构件深化设计费用。深化设计费 C_{sh} 计算方法为：

$$C_{sh} = P_{sh} \times A \qquad\qquad (6\text{-}9)$$

式中，P_{sh}——装配式项目深化设计单价；

A——装配式项目深化设计面积。

6.3.4 生产运输阶段增量成本测算

1. 生产阶段

预制构件的生产是装配式建筑成本控制的重要内容。将 BIM 技术应用于预制构件的生产准备阶段、生产阶段和出入库阶段，可有效提高预制构件的生产精度及生产效率，降低构件生产成本。

（1）生产准备阶段

利用 BIM 技术的可出图性得到预制构件的大样图和节点详图，提高预制图纸的精度，并在图纸变更时直接关联 BIM 模型上。将构件信息传输到 BIM 信息管理平台，方便 EPC 总承包企业的协调管理，为设计单位与生产厂商之间的沟通带来极大的便利，并提高构件生产效率和节约生产成本。

（2）生产阶段

预制构件生产过程中，通过 RFID 芯片和二维码实时录入构件生产及成本信息，为 EPC 总承包企业掌握预制构件信息提供了极大的便利。利用 BIM 信息管理平台将现场施工与预制构件生产相结合，并按照现场装配需求计划进行构件生产和运输，节约了预制构件现场的堆放和仓储成本。

（3）出入库阶段

预制构件生产完成后，通过机器扫描构件的 RFID 芯片或二维码，将每个预制构件信息与 BIM 信息管理平台相关联。当预制构件入库完成后，BIM 信息管理平台会显示预制构件库存数量、种类以及堆放情况。预制构件检验时，RFID 读取的预制构件信息可以关联到运输车辆。

2. 运输阶段

预制构件运输成本是指构件从预制加工厂运输到项目工地的运输费用，以及工地短期仓储费用和施工现场的二次搬运费用。预制构件运输成本主要受运输车辆配置、运输路线、运输价格等因素的影响。利用 BIM 技术对各个运输道路方案进行运输模拟，可以确定最优运输路线，并根据预制构件及车辆信息属性，对装车方案进行模拟优化。采用 RFID＋BIM 信息管理平台技术对预制构件、车辆信息、运输状态、堆放仓储等环节进行实时监控，将预制构件生产、运输以及现场装配施工进度相结合，可有效降低运输及仓储成本。预制构件运输成本占总价格的 5%～8%，主要影响因素具体如表 6-1 所示。

表 6-1　运输成本主要影响因素

影响因素	主要表现
车辆配置	根据不同预制构件，采用不同运输车辆和运输架，在保证安全的前提下，运输车辆的装载量越大，则运输成本越小
运输路线	运输车辆需要避免过窄、不平整和有限高要求的道路，并考虑交通拥堵、管制及车辆故障等因素的影响，以免耽误施工进度和增加构件运输成本
运输距离	运输成本随着运输距离增加而增加
现场临时储存	预制构件在施工场地需要临时堆放时，会造成构件堆放存储的费用增加
二次搬运	预制构件运输至施工现场后，还可能需要小车对构件进行二次搬运
临时道路	二次搬运所搭设的临时道路要高于一般的道路标准，因此需要增加路基的厚度以及道路混凝土面层钢筋，以满足运输车辆承载力要求

装配式建筑预制构件在水平运输阶段增加的成本是由装载人工费、车辆运输费、施工现场卸车费构成，运输费 C_{ys} 计算公式为：

$$C_{ys} = \sum_{i=1}^{n} C_{zci} + C_{yfi} + C_{xci} \tag{6-10}$$

式中，C_{zc}——预制构件装车费；

C_{yf}——车辆运输费；

C_{xc}——预制构件卸车费；

i——1、2、3、…、n。

3．施工阶段

EPC 总承包模式下，装配式建筑的施工阶段是整个建造周期中最重要的阶段，施工阶段成本控制的主要应用包括场地布置、施工模拟。

（1）场地布置

利用 BIM 技术对施工场地布置进行模拟，确定最优供吊装机械行驶的道路宽度和回转半径、机械设备吊装路线，从而获得最佳的吊装施工位置。预制构件进场后，利用 BIM 技术将构件进场时间、数量、种类等信息传输到 BIM 信息管理平台上，确定最佳的仓储堆放方案，减少二次搬运费用。

（2）施工模拟

利用 BIM 技术对预制构件进行可视化施工模拟，得到最优的装配方案。通过可视化动画演示方式形象直观地展示装配式节点装配细节及流程，减少装配过程施工偏差，提高装配施工效率，降低施工成本。相比于传统建筑施工，装配式建筑的施工方式会引起施工成本增量变化，如表 6-2 所示。

表 6-2　装配式建筑施工成本增量变化

成本名称	增量分析
人工费	装配式预制构件在工厂内生产加工后，在施工现场只需要吊装安装，虽然需要更多专业人员，但是需求量相比传统现浇的施工人员大大减少
材料费	装配式建筑中采用预制构件，现浇部分减少，模板等施工材料用量减少
机械费	预制构件对机械设备的要求更高，同时预制构件的吊装更加复杂
企业管理费	装配式建筑工序优化、施工简便后，相应的企业管理费降低

6.4　EPC 总承包模式下增量效益测算模型

6.4.1　增量效益分析内容

EPC 总承包模式下，装配式建筑一体化建造方式与管理模式相结合，可以充分发挥装配式建筑在工期、质量和成本方面的优势，有利于实现精益化建造。将装配式建筑建造技术与 EPC 总承包管理模式相结合，分析在 EPC 总承包模式下装配式建筑的经济效益、环境效益和社会效益变化特点，研究其增量效益的具体构成。最后，根据 EPC 总承包模式下装配式建筑的增量效益构成特点，分析其增量效益的测算方法，主要内容如图 6-5 所示。

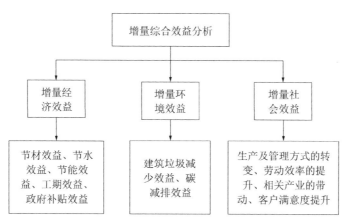

图 6-5 增量效益分析内容

6.4.2 增量经济效益分析

1. 经济效益变化分析

在 EPC 总承包模式下对装配式项目进行一体化管理，使设计、生产、施工各阶段深度交叉协作。装配式项目采用 EPC 总承包管理模式，可以对装配式建筑的经济效益带来较大的影响，主要体现在节材效益、节水效益、节能效益、工期效益、政府补贴效益等方面。

（1）节材效益。EPC 总承包模式下，装配式建筑以设计为主导，结构、装饰、安装等专业之间充分沟通协调。高度标准化的设计有效减少项目因设计变更造成的材料浪费，且减少构件生产的材料浪费。施工现场的干作业可减少现场绑扎钢筋、浇筑混凝土等工序造成的材料浪费。另外，装配式建筑在构件生产过程中常采用可重复使用的钢制模具，减少木模板需求量和节约木材。

（2）节水效益。建筑项目用水主要包括施工用水和施工工人生活用水。由于装配式建筑是预制构件在工厂中生产，减少了施工现场的用水和湿作业工作量。另外，装配式钢结构建筑预制构件在施工现场采用机械安装，施工现场工人的数量减少，有效减少水资源浪费现象和施工人员的生活用水等。

（3）节能效益。装配式钢结构建筑具有较好的节能性。预制构件的使用，使现场施工作业量减少，从而有效减少施工现场机械的使用量和用电量。同时，预制施工减少了夜间施工和场地照明的能源消耗。装配式钢结构建筑还减少了木模板的需求量，进一步节约现场模板的加工能耗等。

（4）工期效益。在 EPC 总承包模式下，预制构件在工厂生产，不受天气因素的影响。机械化组装预制构件减少了构件制作工序，施工工期将大幅缩短，并降低施工现场机械台班的使用和现场管理费，有利于建设方快速回笼资金和提高资金的流动速度与周转速度，有效节约资金成本。

（5）政府补贴效益。当前，全国各地出台了关于大力发展装配式建筑的支持政策。例如，四川省提出装配式项目优先安排用地指标、减少缴纳企业所得税、容积率奖励等政策；北京市提出对于非政府投资项目，凡采用装配式建筑并符合实施标准的，按增量成本给予一定比例的财政奖励。不同地区关于装配式建筑项目的经济补贴政策不同，但均可视为因转变生产模式而产生的经济效益。

2. 增量经济效益计算方法

（1）节材效益。装配式预制构件生产过程中，机械设备折旧费、摊销费、模具摊销费、构件制作费等均需计入预制构件成本中。施工时，可有效减少现场构件制作、构件安装、保温材料、装饰材料等的损耗率较低，带来较大的节材效益。装配式建筑各材料节材效益之和等于 F_{cl} 可表示为：

$$F_{cl} = \sum_{i=1}^{n} P_i \times (M_{ci} - M_{zi}) \tag{6-11}$$

式中，M_{ci}、M_{zi}——传统建筑、装配式建筑在第 i 种材料每平方米的用量；

P_i——第 i 种材料的价格。

（2）节水效益。装配式建筑项目节水效益是由施工水费、排污费和生活用水费效益组成。假设传统建筑与装配式建筑项目每平方米用水量分别为 Q_{cj}、Q_{zj}，建筑面积为 A，水单价为 P_s，则由于采用装配式建筑方式减少的施工水费 F_{sg} 为：

$$F_{sg} = A \times (Q_{cj} - Q_{zj}) \times P_s \tag{6-12}$$

假设传统建筑与装配式建筑项目每平方米施工废水排放量分别为 Q_{ck}、Q_{zk}，排污单价为 P_p，则由于采用装配式建筑方式减少的排污费 F_{pw} 为：

$$F_{pw} = A \times (Q_{ck} - Q_{zk}) \times P_p \tag{6-13}$$

假设传统建筑与装配式建筑项目的施工人员生活用水量分别为 Q_{cl}、Q_{zl}，生

活用水单价为 P_s，则由于采用装配式建筑方式减少的生活用水费 F_{sh} 为：

$$F_{sh} = （ Q_{cl} - Q_{zl} ） \times P_s \qquad （6-14）$$

（3）节能效益。假设传统建筑与装配式建筑项目每平方米的电力消耗 W_{cd}、W_{zd}，用电收费单价为 P_d，则由于采用装配式建筑方式减少的电力费 F_{jn} 为：

$$F_{jn} = A \times （ W_{cd} - W_{zd} ） \times P_d \qquad （6-15）$$

（4）工期效益。假设 F_{gq} 为工期缩短带来的增量效益，P_{gq} 是住宅项目总售价金额，i 是融资成本率，t 是缩短的工期。装配式建筑工期缩短增量效益 F_{gq} 为：

$$F_{gq} = P_{gq} \times i \times t \qquad （6-16）$$

（5）政府补贴效益。假设 P_{bt} 为装配式建筑单方补贴，建筑面积为 A，则政府补贴的经济效益 F_{bt} 为：

$$F_{bt} = P_{bt} \times A \qquad （6-17）$$

6.4.3　增量环境效益分析

1. 环境效益变化分析

环境效益是指装配式建筑生产建设过程中，通过减少建筑垃圾和污染物的排放、提高材料和资源的利用率、降低原材料损耗等方式，有效提高其环境效益。其中，碳减排效益为装配式建筑在各阶段降低碳排放量带来较大的效益。从经济评价角度出发，当装配式建筑项目参与碳交易市场交易，并获得减少碳排放量的碳处理费，就可以获得碳减排带来的效益。

装配式钢结构建筑项目利用建筑标准化设计、工厂化生产、机械化组装的特点，进行项目环保体系管理，并充分发挥节能、环保等方面的优势。装配式钢结构建筑的环境效益与经济效益相辅相成。随着预制构件生产工艺和构件组装技术的成熟，装配式建筑在环境效益方面的优势将进一步扩大。

2. 增量环境效益计算方法

（1）建筑垃圾减少效益。假设传统建筑与装配式钢结构建筑每平方米垃圾量分别为 Q_{cl}、Q_{zl}，建筑面积为 A，垃圾处理费为 P_{cl}，则垃圾减少带来的增量效益 F_{lj} 为：

$$F_{lj} = A \times （ Q_{cl} - Q_{zl} ） \times P_{cl} \qquad （6-18）$$

（2）碳减排效益。装配式建筑的综合碳排放费用包括碳交易费用和碳处理费用。假设碳交易价为 P_{tj}，装配式钢结构建筑相比传统建筑的温室气体减小量为 ΔQ，通过量化二氧化碳的处理单价为 P_{tc}，测算碳排放的综合效益 F_{tp} 为：

$$F_{tp} = (P_{tj} + P_{tc}) \times \Delta Q \tag{6-19}$$

装配式建筑的环境效益 F_{hj} 为：

$$F_{hj} = F_{lj} + F_{tp} \tag{6-20}$$

6.4.4　增量社会效益分析

1. 社会效益变化分析

社会效益是指分析装配式项目对社会发展产生的积极影响。装配式钢结构建筑有效提升了工人的整体素质，大幅提高了劳动生产率，并带动建材、机械设备等产业的发展。装配式钢结构建筑在生产及管理方式的转变、劳动效率的提升、相关产业的带动、客户满意度提升等方面具有较高的社会效益，并带动装配式钢结构建筑的快速发展。装配式钢结构建筑在提高节材、工期、政府补贴和销售效益等方面也具有明显优势，同时减轻环境压力和提高社会文明水平。装配式钢结构建筑产生的社会效益、环境效益、经济效益三者相互影响，形成良性循环。当前，对装配式钢结构建筑的社会效益分析主要采用定性的分析方法。

2. 增量社会效益的构成

（1）生产及管理方式的转变。装配式钢结构建筑在生产方式上发生了巨大改变，即传统现场工人施工转变为工厂集成化生产后机械化施工。装配式建筑绿色节能技术与 EPC 总承包模式精细化管理相结合，可实现装配式钢结构建筑一体化、全过程、系统性的管理，使得建筑的安全性、节能性增强。

（2）劳动效率的提升。装配式钢结构建筑具有设计标准化、生产工厂化、施工装配化、装修一体化、管理信息化等特点。预制构件工厂化生产大大减少了现场工人作业，机械化生产和施工将带动培养一批专业的装配式钢结构建筑生产和施工技术人才，有效提升工人的整体素质，提高劳动生产率。

（3）相关产业的带动。与传统建筑相比，装配式钢结构建筑增加了预制构件工厂生产环节，并多采用绿色建材进行生产。预制构件的装卸及施工吊装均采用专业施工机械，在生产环节与施工环节的分工更加明确且专业化，形成独特的建筑生产制造产业链。

（4）客户满意度提升。装配式建造方式使新技术、新材料、新工艺相结合，有效提升了建筑产品质量，保障建筑的保温、防水、抗震性能等，装配式钢结构建筑的高品质提高了客户的满意度。客户对装配式钢结构建筑的综合满意度较高，有利于提升社会整体对装配式钢结构建筑的认可度，促进装配式建筑的发展。

6.5　案例分析

6.5.1　工程概况

选取某装配式项目的一幢楼进行分析，采用 EPC 总承包管理模式。该项目地下 1 层，地上 31 层，每层层高 2.9m，建筑总面积约为 10231m²。该项目距离预制构件厂约 40km，主要特点包括：

（1）该项目采用 EPC 总承包模式进行管理，项目以设计为主导。预制构件设计中采用 BIM 技术进行专项深化设计，并模拟构件的拼装全过程，减少构件安装可能发生的冲突。

（2）该项目预制构件符合产业化要求，所有预制构件均在工厂进行流水线生产，且所有预制构件在深化设计时需考虑安装位置，并经检验合格后运输至施工现场安装。

（3）该项目在 EPC 总承包商的协调管控下，运输能力与现场吊装能力匹配，保证施工现场预制构件的顺利安装。塔式起重机的选型和定位与预制构件吊装需求相匹配，能够满足施工现场安装需要。

6.5.2　增量成本计算

1. 设计阶段增量成本

EPC 总承包模式下，装配式建筑的设计环节不仅包括方案设计和施工图设计，还包括以设计为主导，使设计、生产、施工各环节深度交叉协作。EPC 总承包模式下，利用 BIM 技术对项目设计进行管理，对预制构件进行深化设计，能有效统筹整体设计，提高设计质量。

将装配式各专业模型整合导入 BIM 相关软件中，利用碰撞检查功能来排除各专业、各构件之间的碰撞等问题。利用 BIM 技术的可出图性，可以快速导出预制构件及节点详图，并将构件参数关联到二维图纸中，有效减少设计工作量和降低设计成本。该项目在设计阶段进行构件拆分深化设计，该项设计费用较传统建筑项目每平方米增量单价约为 10 元。根据式（6-9）可计算出设计增量 C_{sh} 约为 119774 元。

2. 运输阶段增量成本

该装配式建筑预制构件厂距离施工项目的距离约为 40km；每吨预制构件的运输成本、装车费、施工现场卸车费等约为 200 元，每个标准层的预制构件重量约为 48t。对传统建筑的生产进行研究，并可根据式（6-10）计算出该装配式建筑在运输阶段的增量成本 C_{ys}。

3. 施工阶段增量成本

基于 BIM 模型可以直接采用传统建造方式进行计算，分别采用相关的清单定额进行计量和计价，并通过分析对比得出装配式建筑的增量成本。传统建筑成本计算流程如图 6-6 所示。将传统建筑的工程量导入计价软件，得到成本项目数据。随后打开广联达 BIM 土建计量平台，在软件中打开 Revit 创建的三维 BIM 模型→进行工程设置→选择清单定额→模型映射→汇总计算→汇总工程量报表→导出工程量数据→导入工程计价软件→成本计算结果。

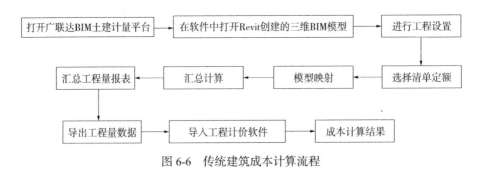

图 6-6　传统建筑成本计算流程

（1）建筑模型工程量计算

图 6-7 为建筑工程量计算过程。打开广联达 BIM 土建计量平台，导入 Revit，

选择清单规则、定额规则、平法规则、清单库、定额库、钢筋损耗和钢筋报表等。钢筋汇总方式：按照钢筋下料尺寸——中心线汇总，点击菜单栏中的工程量，选择汇总计算，选择查看报表。

图 6-7　工程量计算过程

（2）装配式建筑和传统建筑成本计算

根据传统建筑和装配式建筑的工程量，把工程量导入计价软件，选取适合的清单定额，并写好项目特征，由此可填入工程量表达式。选用合适的清单定额后，计税方式可选择一般计税方法。通过项目自检和费用查看后进行费用汇总计算，可得到装配式建筑的计算成本，如图 6-8 所示。

装配式建筑和传统建筑在施工阶段增量成本的主要内容包括人工费、材料费、机械费、企业管理费、利润和税费。通过整理项目数据，可得出相应增量成本对比，如表 6-3 所示。

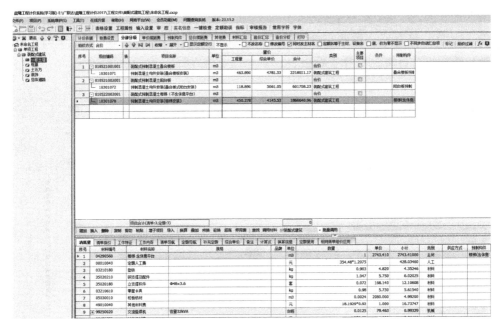

图 6-8　装配式建筑清单计价过程

表 6-3　装配式建筑与传统建筑施工成本对比表

项目名称	装配式建筑成本（元）	传统建筑成本（元）	增量成本（元）
人工费	6330590.09	7493996.09	1163406
材料费	11950451	8334201	−3616250
机械费	465754.28	649004.32	183250.04
企业管理费	374937	473474	98537
利润	382184	420783	38599
税费	1755143	1552208.16	−202934.84
合计	21259059.37	18923666.57	−2335392.8

6.5.3　增量效益计算

1. 经济效益增量

装配式建筑在经济效益上的增量主要体现在节水效益、节材效益、节能效益、工期效益和政府补贴效益。节水主要是指现场生活和施工过程的用水量大幅度减少；节材主要是指楼板采用的叠合楼板可节约顶板模板；节能主要是在该装配式项目预制构件均在工厂完成，减少现场施工和电焊机等设备的使用量；装配式施工要求构件精确吊装，避免夜间施工，减少照明用电。与传统建筑相比，装配式建筑工期、施工人数、水资源消耗、能源消耗、建筑废物和粉尘等节约效率如表 6-4 所示。

表 6-4　装配式建筑与传统建筑对比

名称	装配式建筑	传统建筑	节约改善
工期	222 天	267 天	16.85%
现场施工人数	50 人	156 人	67.95%
水资源消耗	$0.057\text{m}^3/\text{m}^2$	$0.072\text{m}^3/\text{m}^2$	20.83%
能源消耗	$6.71\text{kW}\cdot\text{h}/\text{m}^2$	$8.43\text{kW}\cdot\text{h}/\text{m}^2$	20.40%
建筑废物处置量	$7.34\text{kg}/\text{m}^2$	$23.76\text{kg}/\text{m}^2$	69.11%
粉尘水平（PM_{10}）	$60\mu\text{g}/\text{m}^3$	$85\mu\text{g}/\text{m}^3$	29.41%

（1）节水效益

根据施工现场生活、洗车、施工、楼地面等项目对比分析可知，传统建筑用水量为 125216m³，装配式建筑用水量为 97669m³，节水量为 27547m³。该项目施工用水单价为 2.4 元 /m³，由此可得出节水效益 F_{js} 约为 66113 元。

（2）节能效益

装配式建筑施工过程中，节约用电可产生经济效益。由于现场施工作业减少，焊接所需电焊机及塔式起重机使用频率减少，且施工效率的提高可减少或避免夜间施工，进而减少工地照明电耗。采用装配式建造方式施工，单位面积可减少电力消耗 20.45%，电力消耗每平方米减少 1.72kW·h，用电收费标准为 0.55 元 /kW·h，即节能效益 F_{jn} 为 9678.53 元。

（3）工期效益

据统计，该装配式项目每月投入现金流资金约为 1250 万元，节约工期为 1.5 个月，按利率 4.5% 计算。相比于传统建筑的施工工期，装配式建筑的工期效益

F_{gq} 为 70312.5 元。

（4）政府补贴效益

根据某地财政按建筑面积奖励 10 元/m²，同时给予总规划面积 2% 的建筑面积奖励，该住宅售价每平方米为 25000 元，利润率为 18%，政府补贴效益 F_{bt} 为 869644.35 元。

2. 环境效益增量

（1）环境保护

装配式施工现场产生的垃圾、污水量较少，可做到低碳、环保和节能。装配式建筑固体废弃物的排放量为 5kg/m²，传统建筑固体废弃物的排放量为 15.32kg/m²，优势非常明显。建筑垃圾处理费用为 300 元/t，可得出减少的建筑垃圾费用 F_{lj} 为 31675 元。

（2）碳排放

在生产、运输和施工过程对碳排放量进行比较，装配式建筑较传统建筑碳排放量减少 3473.83t，2023 年碳交易价格为 34 元/t，二氧化碳的处理成本为 340 元/t。因此，装配式建筑减少的碳排放量费用 F_{tp} 为 1299212 元。

3. 社会效益增量

装配式建筑的社会效益主要包括以下方面：

（1）空气污染的降低

装配式建筑采用的预制生产方式，可有效降低温室气体和粉尘颗粒物的排放。装配式建筑生产方式由传统工人操作施工转变为工厂集成化生产后进行机械化施工，作业方式更高效。装配式建筑绿色节能技术与 EPC 总承包模式精细化管理相结合，可实现一体化、全过程、系统性的管理，使得建筑的安全性、节能性增强，从而由传统的资源粗放型向环境集约型转变，并带来较大的社会效益。

（2）劳动效率的提升

装配式建筑具有设计标准化、生产工厂化、施工装配化、装修一体化、管理信息化等特点。工厂化生产大大减少了现场工人作业，机械化生产和施工将带动培养一批专业的装配式建筑生产和施工技术人才，有效提升工人的整体素质，提高劳动生产率，为建筑业带来新的发展契机。

（3）相关产业的带动

装配式建筑预制构件多采用绿色建材进行生产,预制构件的装卸及施工吊装均采用专业施工机械,能有效带动预制建材、机械设备、检测机构等上下游产业的发展。装配式建筑生产环节与施工环节分工明确且专业化,形成独特的建筑生产制造产业链。

　　基于上述分析可知,该项目的增量收益 F 约为 3200636 元,价值系数 V 为 1.34,表示 EPC 总承包模式下该装配式项目产生的增量效益大于增量成本,充分发挥了装配式建筑的优势,具有良好的综合效益。

第 7 章 装配式钢结构建筑全生命周期
碳排放测算

7.1 全生命周期碳排放基本定义

7.1.1 全生命周期定义

装配式钢结构建筑全生命周期是指从建材原料开采到建筑拆除处置的全过程，一般包括原材料开采、材料与部件生产、运输与施工、建筑运行、使用过程中维修与维护、拆除处置等环节。

7.1.2 全生命周期碳排放来源

《建筑碳排放计算标准》GB/T 51366—2019 中将建筑全生命周期划分为建材生产及运输阶段、建造及拆除阶段、运行维护阶段，如图 7-1 所示。其中，燃烧排放、使用材料、能源资源等已成为装配式建筑全生命周期碳排放计算的重要内容。

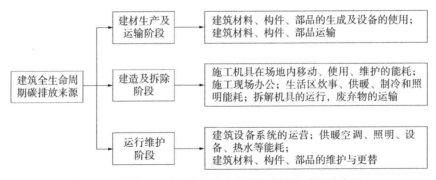

图 7-1 装配式钢结构建筑全生命周期各阶段碳排放来源

7.2　碳排放测算理论

7.2.1　碳排放基本定义

建筑碳排放是将建筑视为一个产品，统计其全生命周期内建筑材料生产、运输、建造及拆除、运行阶段等温室气体排放的总和，即建筑全过程二氧化碳的排放。碳排放测算的目的是通过对建筑全生命周期过程中各个环节进行量化分析，评估建筑的碳排放情况，为减少碳排放提供科学依据。《建筑节能与可再生能源利用通用规范》GB 55015—2021 中指出，新建居住和公共建筑碳排放强度均应在 2016 年执行节能设计标准的基础上平均降低 40%，且碳排放强度平均降低 $7kgCO_2/(m^2 \cdot a)$ 以上。建设项目可行性研究报告、建设方案和初步设计文件均应包含建筑能耗、可再生能源利用及建筑碳排放分析报告。施工图设计文件中，也应明确建筑节能措施及可再生能源利用系统运营管理的技术要求。

7.2.2　碳排放核算标准

目前，国际碳排放核算标准有温室气体核算体系（以下简称 GHG 议定书）、国际标准化组织制定的《温室气体 第一部分：在组织层面温室气体排放和移除的量化和报告指南性规范》ISO 14064-1：2018、《温室气体 第二部分：在项目层面温室气体排放减量和移除增量的量化、监测和报告指南性规范》ISO 14064-2：2019（以下简称 ISO 14064 系列）、《商品和服务在生命周期内的温室气体排放评价规范》PAS 2050：2008（以下简称 PAS 2050）和《建筑物和土木工程的可持续性——现有建筑物在使用阶段的碳指标 第一部分：计算、报告和沟通》ISO 16745-1：2017、《建筑物和土木工程的可持续性——现有建筑物在使用阶段的碳指标 第二部分：验证》ISO 16745-2：2017（以下简称 ISO 16745 系列），是国际公认的权威机构颁布的碳排放核算标准，如表 7-1 所示。

表 7-1　国际碳排放核算标准

核算标准	内容
GHG 议定书	GHG 议定书，即"温室气体盘查议定书"，于 1998 年由世界可持续发展工商理事会和世界资源研究所联合发布，主要用于企业（组织）级的碳排放评估标准。详细阐述了企业碳排放计算框架，帮助企业和政府实现其计划减排量
ISO 14064 系列	ISO 14064 系列中规定了温室气体监控、测量等活动。具体步骤包括确定边界范围、识别排放源、搜集和整理温室气体的活动强度数据和排放因子、计量温室气体等，有效提高了对温室气体的控制力度与管理水平
PAS 2050	PAS 2050 标准，是以全生命周期评价作为基础理论来评价产品全生命周期内服务和商品温室气体排放的规范，于 2008 年由碳基金组织及英国环境、英国标准协会等该权威机构制定并发布
ISO 16745 系列	ISO 16745 系列中规定，建筑物和土木工程的可持续性——现有建筑物在使用阶段的碳排放指标，这是一部专注于既有建筑运行阶段碳排放计量的标准，不包括建材、施工及拆除阶段

我国住房和城乡建设部也颁布了相关规范，为建筑碳排放计算提供了理论依据。具体内容如表 7-2 所示。

表 7-2　我国建筑碳排放相关的标准规范

核算标准	内容
《绿色建筑评价标准》GB/T 50378—2019	定义了绿色建筑评价技术指标体系，包括安全耐久、健康舒适、生活便利、资源节约、环境宜居、提高与创新六大方面
《建筑碳排放计算标准》GB/T 51366—2019	这是一部面向建筑全生命周期的碳排放计算标准，覆盖建筑运行、建造及拆除、建材生产及运输等各阶段，明确了建筑碳排放的定义、计算边界、排放因子以及计算方法
《建筑节能与可再生能源利用通用规范》GB 55015—2021	明确提出"新建的居住和公共建筑碳排放强度应分别在 2016 年执行的节能设计标准的基础上平均降低 40%，碳排放强度平均降低 $7kgCO_2/(m^2 \cdot a)$ 以上""建设项目可行性研究报告、建设方案和初步设计文件应包含建筑碳排放分析报告"等具体要求

7.2.3　碳排放计算流程

装配式建筑碳排放的计算过程包括绘制过程图、确定研究范围、识别碳源、收集数据、计算碳排放、检查不确定性、修正和分析结果、提出建议等，如图 7-2 所示。

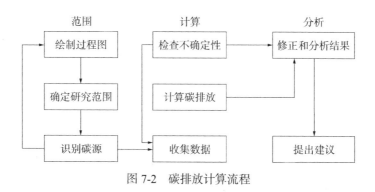

图 7-2　碳排放计算流程

7.3　BIM 技术在全生命周期内碳排放的应用

7.3.1　碳排放测算方法

1. 测算方法

装配式建筑产业中碳排放量测算方法包括实测法、物料衡算法、投入产出法和碳排放系数法，如表 7-3 所示。其中，碳排放系数法是将不同工艺、不同规模的单位产品或服务，在规定技术标准条件下产生的碳排放量取平均值作为基础数据，即碳排放因子。结合采集的对应碳排放源的活动数据，计算出实际技术水平下产品或服务碳排放量 C 的方法，具体表示为：

$$C = AK \tag{7-1}$$

式中，A——某项活动发生的数据；

K——某项活动的碳排放系数。

表 7-3　碳排放测算方法

名称	适用领域	优点	缺点
实测法	微观范畴	结果精度高	① 数据获取困难； ② 需要投入大量时间、人力与资金； ③ 受样本代表性影响
物料衡算法	宏观范畴	① 结果精度较高； ② 排放源明确	① 数据获取较困难； ② 工作量大，数据不具有代表性

149

续表

名称	适用领域	优点	缺点
投入产出法	微观范畴，宏观范畴	宏观层面的碳排放量核算可作为产业低碳经济发展的评判指标	① 投入产出模型的建立涵盖面广，难度较大； ② 无法对建筑物全生命周期碳排放量进行测算
碳排放系数法	微观范畴，宏观范畴	① 数据获取简单； ② 应用简单，有大量实例； ③ 有权威碳排放因子库	① 需不断更新碳排放因子库； ② 结果精度不及其他两种方法

2. 排放因子

2019 年发布的《建筑碳排放计算标准》GB/T 51366—2019 中，对碳排放的测算方法和各种碳排放因子进行了明确规定。碳排放因子分为以下几类：

（1）建筑材料碳排放因子

根据建筑设计进行建筑物碳排放量预算，所采用碳排放系数应当为国家和地方的通用数据，并根据通用数据计算方式计算碳排放量。其中，建筑材料碳排放系数参照已有的研究成果及调查研究、各省市定额规范（如《建筑碳排放计算标准》GB/T 51366—2019、《装配式建筑碳排放计算标准和分析方法》）等。

（2）能源类型碳排放因子

1）化石燃料碳排放因子

建筑全生命周期内的能源碳排放主要包括煤、石油、天然气三类化石能源所产生的碳排放。为保证数据的准确性，参考《建筑碳排放计算标准》GB/T 51366—2019 中的数据对各种化石燃料碳排放因子进行确定。

2）电力碳排放因子

电能消耗产生的碳排放量称为电力碳排放因子。电力被称为清洁能源，在其生产阶段会引起二氧化碳的排放。计算建筑因电力消耗造成的碳排放时，需采用由国家发展和改革委员会公布的区域电网平均碳排放因子。

（3）机械台班碳排放因子

机械台班碳排放因子是指各种施工机械施工所消耗电力能源造成的温室气体排放，主要包括运输设备和机械设备。通常建材和预制构件本地化率高，运输方式多为公路运输，其碳排放因子主要是与运输车辆的能源类型、运输距离和运输质量等相关。机械设备含土石方及筑路机械、打桩机械、起重机械等，可采用《全国公路运输企业国家级能耗等级标准》确定公路运输的碳排放因子。

3. 碳排放活动数据

装配式建筑全生命周期内与碳排放相关的活动数据复杂多样，宜优先选择对建筑碳排放量大、比重高的活动数据进行计量，主要包括：

（1）生产阶段：装配式建筑主体结构、围护结构和填充结构使用的材料、构件、部品、设备种类及数量。

（2）施工建造阶段：材料、构件、部品、设备运输的能耗量，施工机具运行的能耗量、耗水量，施工现场管理的能耗量。

（3）运行维护阶段：设备系统运行的能耗量和耗水量，维护更替活动的材料消耗量，更换材料、构件、部品和设备等所需能源消耗量。

（4）拆除阶段：拆除机具运行的能耗量，拆解废弃物运输的能耗量。

7.3.2　碳排放分析软件与计算模型

1. 分析软件

目前，国内外有多种适用于碳排放计算分析软件。其中，国外计算软件主要包括 BEES、GaBi 和 Simpro，如表 7-4 所示。国内软件主要包括东禾碳排放计算分析软件、绿建斯维尔碳排放计算软件 CEEB 和 PKPM 碳排放计算软件 CES，如表 7-5 所示。各软件将装配式建筑全生命周期碳排放计算与政策引导和标准支撑相适应，推动了装配式建筑碳排放计算软件的研发与推广。

表 7-4　国外碳排放计算软件基本属性

对比内容	BEES	GaBi	Simpro
适用领域	建筑	广泛	广泛
应用范围	建筑行业，分析建筑、建筑材料、建筑施工等的环境与经济效能	农业、建筑产业、能源设备、材料采矿、零售产品食品等的环境影响	
费用信息	免费	几百欧元至几万欧元	几百欧元到 1 万欧元
生命周期清单制定（LCI）计算异同	建筑材料依据 ASTM 的 UNIFORMAT2 定义划分。对于功能单元的每一种材料计算出其 LCI，用户只需选择功能单元的种类和数量，但用户无法对功能单元的 LCI 进行修改		计算前需绘制建筑全生命周期流程图；每个过程的输入、输出数据都需要软件使用者自己定义

表7-5　国内碳排放计算软件基本属性

软件	东禾碳排放计算分析软件	绿建斯维尔碳排放计算软件CEEB	PKPM 碳排放计算软件 CES
开发商	东南大学、中国建筑集团有限公司	北京绿建软件股份有限公司	北京构力科技有限公司、中国建筑科学研究院有限公司
数据导入与跨平台	采用表单式的数据上传格式，也可以上传 BIM 模型	需建立模型，直接读取斯维尔节能软件和能耗软件模型，支持从 AutoCAD 等多平台导入模型，或自行创建	需建立模型，直接读取 PKPM 节能、绿建系列软件模型，支持从 AutoCAD 等多平台导入模型，与多种软件的数据接口实现数据联动
计算方法	准稳态方法	逐时动态模拟	逐时动态模拟

在装配式钢结构建筑全生命周期碳排放中，不同软件在全生命周期中的建材生产、建材运输、建造、建筑运行、拆除等阶段的计算方法如表7-6所示。

表7-6　装配式钢结构建筑全生命周期各阶段碳排放计算方法

软件	东禾碳排放计算分析软件	绿建斯维尔碳排放计算软件CEEB	PKPM 碳排放计算软件CES
建材生产	① 导入东禾格式和广联达格式建材信息； ② 同步上传 BIM 模型数据	① 导入建材量清单； ② 根据建筑模型自动计算建材量； ③ 选取工程指标参考获取建材种类和用量	① 导入建材量清单； ② 根据建筑模型自动计算建材量； ③ 按面积估算主要建材量
建材运输	① 导入东禾格式和广联达格式建材信息； ② 同步上传 BIM 模型数据； ③ 按照建材生产阶段的比例估算	① 导入建材量清单； ② 根据建筑模型自动计算建材量； ③ 选取工程指标参考获取建材种类和用量	① 导入建材量清单； ② 根据建筑模型自动计算建材量； ③ 按面积估算主要建材量
建造	① 输入机械台班数和规格型号进行计算； ② 自定义该阶段占建材生产阶段的比例进行估算	① 输入机械台班数和规格型号计算； ② 自定义该阶段占物化阶段的比例进行估算	① 输入机械台班数和规格型号进行计算； ② 按建筑体量估算； ③ 自定义该阶段占全生命周期总碳排放的比例进行估算
建筑运行	输入建筑信息、热水、照明、电梯、暖通、天然气、光伏系统、太阳能热水系统计算	设定空调系统、冷热源、电梯、生活热水等相关参数后逐时动态模拟运行能耗	—

续表

拆除	① 输入机械台班数和规格型号进行计算；② 自定义该阶段占建材生产阶段的比例进行估算	① 输入机械台班数和规格型号计算；② 自定义该阶段占物化阶段的比例进行估算	① 输入机械台班数和规格型号进行计算；② 经验系数法：按建筑体量估算；③ 自定义该阶段占全生命周期总碳排放的比例进行估算
绿化碳汇	输入不同种类绿化的面积后计算		

2. 计算模型

装配式钢结构建筑全生命周期碳排放计算包含建材生产及运输阶段、建造及拆除阶段、运行维护阶段碳排放总量。通过不同阶段的碳排放数据采集和核算，可实现对碳足迹的全面追踪。装配式钢结构建筑全生命周期碳排放计算模型如图 7-3 所示，具体碳排放总量可表示为：

$$C_{LC} = C_{JC} + C_{JZ} + C_{YX} \tag{7-2}$$

式中，C_{LC}——建筑全生命周期碳排放总量；

　　　C_{JC}——建材生产及运输阶段碳排放量；

　　　C_{JZ}——建造及拆除阶段碳排放量；

　　　C_{YX}——运行维护阶段碳排放量。

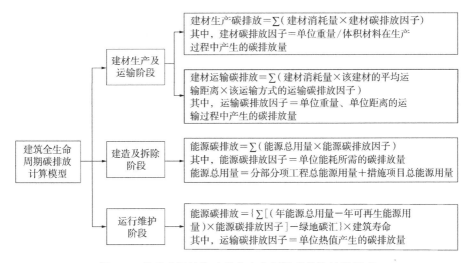

图 7-3　装配式钢结构建筑全生命周期碳排放计算模型

153

（1）建材生产及运输阶段碳排放量

建材碳排放应包含建材生产及运输阶段的碳排放。根据现行国家标准《环境管理 生命周期评价 原则与框架》GB/T 24040 和《环境管理 生命周期评价 要求与指南》GB/T 24044 的规定，该阶段碳排放计算公式为：

$$C_{JC} = \frac{C_{SC} + C_{YS}}{A}$$ （7-3）

式中，C_{JC}——建材生产及运输阶段单位建筑面积的碳排放量；

C_{SC}——建材生产阶段碳排放量；

C_{YS}——建材运输阶段碳排放量；

A——建筑面积。

1）建筑主体结构、围护结构材料、构件和部品等材料不应低于建筑中所消耗材料总重量的 95%。建材生产阶段碳排放量 C_{SC} 计算公式为：

$$C_{SC} = \sum_{i=1}^{n} M_i F_i$$ （7-4）

式中，i——第 i 种建材；

M_i、F_i——第 i 种主要建材的消耗量、碳排放因子。

2）建材的运输距离主要包含建材从生产地到施工现场运输过程的碳排放量。建材运输阶段排放量 C_{YS} 计算公式为：

$$C_{YS} = \sum_{i=1}^{n} M_i D_i T_i$$ （7-5）

式中，D_i——第 i 种建材平均运输距离；

T_i——第 i 种建材运输方式下，单位重量运输距离的碳排放因子。

（2）建造阶段碳排放量

装配式钢结构建筑建造阶段碳排放量 C_{JZ} 计算公式为：

$$C_{JZ} = \frac{\sum_{i=1}^{n} E_{JZ.i} \cdot EF_i}{A}$$ （7-6）

式中，$E_{JZ.i}$——建筑建造阶段第 i 种能源总用量；

EF_i——第 i 种能源的碳排放因子平均运输距离（km）；

A——建筑面积。

（3）拆除阶段碳排放量

拆除阶段碳排放主要是拆除设备、运输设备、建筑物支解过程所产生的碳排放。建筑拆除方式主要有人工拆除、机械拆除、爆破拆除和静力破坏拆除等。其中，人工拆除和机械拆除是拆除工程中的主要方式，与建造阶段类似。因此，拆除阶段碳排放量可按该项目建造阶段碳排放总量的 10% 计入。

（4）运行阶段碳排放量

建筑运行阶段碳排放计算主要包括暖通、空调、热水、照明、电梯、可再生能源、建筑碳汇系统，按建筑设计寿命或 50 年计算。建筑运行阶段年碳排放量 C_{YX} 计算公式为：

$$C_{YX} = C_{rG} + [(E_n + E_z + E_d) \times A - E_{pv}] \times F_e - C_p \tag{7-7}$$

式中，C_{rG}——生活热水系统年碳排放估算量；

E_n——单位面积暖通空调平均年能耗指标；

E_z——单位面积照明系统平均年能耗指标；

E_d——单位面积电梯系统平均年能耗指标；

E_{pv}——光伏系统的年发电量；

F_e——电力能源的碳排放因子；

C_p——碳汇系统的年固碳量。

1）生活热水系统年能耗 E_r 计算公式为：

$$E_r = \frac{\dfrac{Q_r}{\eta_r} - Q_s}{\eta_w} \tag{7-8}$$

式中，Q_r——生活热水年耗热量；

Q_s——太阳能系统提供的生活热水年耗热量；

η_r——管网输配效率；

η_w——设备年平均效率。

2）照明系统在无光电自动控制系统时，年能耗 E_z 计算公式为：

$$E_z = \frac{\sum\limits_{j=1}^{365}\left(\sum P_{i,j} A_i t_{i,j} + 24 P_p A\right)}{1000} \tag{7-9}$$

式中，$P_{i,j}$——第 j 日第 i 个房间照明功率密度值；

A_i——第 i 个房间的照明面积；

$t_{i,j}$——第 j 日第 i 个房间的照明时间；

P_p——应急灯每小时照明功率密度。

3）电梯年能耗 E_d 计算公式为：

$$E_d = \frac{3.6Pt_a VW + E_{st}t_s}{1000} \tag{7-10}$$

式中，P——特定能量消耗；

t_a——电梯年平均运行小时数；

V、W——电梯速度、额定载重量；

E_{st}——电梯待机时能耗；

t_s——电梯年平均待机小时数。

4）暖通系统能耗主要包括冷源能耗、热源能耗、输配系统及末端空气处理设备能耗、制冷剂，年碳排放量 C_n 计算公式为：

$$C_n = \frac{(E_h + E_c)F_e A}{\eta_w} + C_c \tag{7-11}$$

$$C_c = \frac{m_r G_r}{1000 y_e} \tag{7-12}$$

式中，E_h——单位面积暖通全年供暖电量；

E_c——单位面积空调年制冷电量；

C_c——建筑使用制冷剂产生的年碳排放量；

m_r——设备的制冷剂充注量；

y_e——设备使用寿命；

G_r——制冷剂 r 的全球变暖潜值。

5）可再生能源系统中，太阳能热水系统年供能量 $Q_{s,a}$、年发电量 E_{pv} 分别为：

$$Q_{s,a} = \frac{A_c J_T(1 - \eta_L)\eta_{cd}\eta_r\eta_s}{3.6} \tag{7-13}$$

$$E_{pv} = I_c K_E(1 - K_s)A_p \tag{7-14}$$

式中，A_c——太阳集热器面积；

J_T——年平均太阳辐照量；

η_{cd}——基于总面积的集热器平均集热效率；

η_L——管路和储热装置的热损失率；

η_r——生活热水输配效率；

η_s——太阳能热水器平均效率；

I_c——光伏电池表面的年太阳辐射照度；

K_E——光伏电池的转换效率；

K_s——光伏系统的损失效率；

A_p——光伏系统光伏面包净面积。

6）绿化碳汇年固碳量 C_p 计算公式为：

$$C_p = E_p \times A \tag{7-15}$$

式中，E_p——碳汇系统的年固碳量。

7.3.3　应用优势和测算流程

1. 应用优势

与传统建筑物全生命周期各阶段的工作内容和方式相比，BIM 技术主要改变了各阶段、各部门的工作方式和手段，从而影响各阶段的效率、效益、组织及管理模式等。BIM 技术在建筑全生命周期的应用优势如表 7-7 所示。

表 7-7　BIM 技术在建筑全生命周期的应用优势

发展阶段	优势
设计阶段	建筑方案模型建立，导出图纸；整体模型全方位、多角度展示空间；建筑模型深化；模型分析，碰撞检查，准确率高
施工准备阶段	模型分析，模拟施工现场及进度
施工阶段	模型直观展示，指导和管理，模型适时调整，反映建造情况，完成竣工图
运行阶段	建筑模型与监控系统结合应用，模型分析准确定位运行故障点
拆除阶段	模型分析，确定拆除方式，增加材料回收率

采用 BIM 建模软件进行装配式钢结构建筑设计，在全生命周期中根据不同要求得到各专业和建筑环境的分析结果。伴随各专业设计内容完善建筑模型，可

利用各种分析软件对模型进行研究。根据分析结果优化建筑设计，并按照建造要求对模型进行分析。竣工后，模型与实体建筑一并交付使用方。在运行过程中，通过模型进行仿真管理，可在设备系统发生故障时迅速发现问题所在的根源并提出解决办法。装配式钢结构建筑全生命周期 BIM 的应用过程如图 7-4 所示。

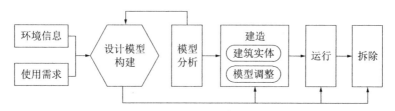

图 7-4 装配式钢结构建筑全生命周期 BIM 的应用过程

2. 测算流程

构建基于 BIM 的建筑全生命周期碳排放测算系统，利用信息技术及相关计算机软件，可提高建筑碳排放度量的准确性及时效性，并提高碳排放量计算的效率。选取 Autodesk Revit 作为建模工具，包含建筑结构及机电设备专业的设计内容，利用模型并结合广联达 BIM 算量软件计算工程量，得到建筑物材料和施工机械设备消耗量，并通过东禾建筑碳排放计算分析软件计算并输出建筑物的碳排量。具体碳排放测算系统流程如图 7-5 所示。

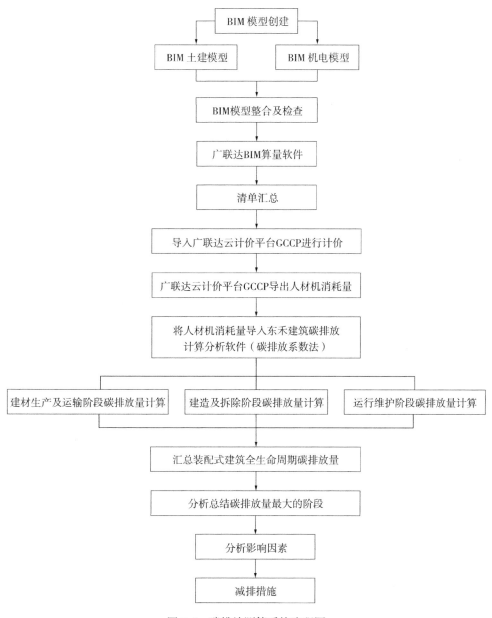

图 7-5　碳排放测算系统流程图

7.4 案例分析

7.4.1 工程概况

选取福建省某装配式建筑项目作为全生命周期碳排放测算的研究对象。该工程总建筑面积 18131.18m²，总占地面积 1508.09m²，包括 A 单元和 B 单元两部分。该项目的基本概况如表 7-8 所示。

表 7-8 某装配式建筑的基本概况

概况类别	内容	
建筑物	住宅（A 单元）	住宅（B 单元）
建筑面积（m²）	8941.87	9189.31
占地面积（m²）	765.33	742.76
层数	17	18
建筑高度（m）	54.25	57.15

通过 Revit 2018 创建 BIM 模型，并存储在互联网云平台上，使项目各参与方共享同一个模型，如图 7-6 所示。为提高建模效率，需提前准备模型所需的族和图元类型。在构件绘制过程中，需注意尺寸、材质等属性，且构件命名遵循准确性、简便性、减少冗余数据的原则，保证构件的通用性和项目协作顺利进行。

由于基于 Revit 创建的 BIM 模型所提取的材料未考虑合理损耗，且无法获取施工过程中所需机械的消耗量信息，需将模型导入广联达 BIM 算量软件中进行碳排放计算，如图 7-7 所示。依据《福建省房屋建筑与装饰工程预算定额》FJYD—101—2017 和《福建省装配式建筑工程预算定额》FJYD—103—2017 规定，可对各种材料和施工机械类型的消耗量进行汇总整理，并将项目中的材料和机械用量由净用量转化为消耗量。

图 7-6　某装配式建筑 BIM 建筑模型

图 7-7　广联达 GTJ 模型

7.4.2　碳排放计算

1. 计算范围

本装配式项目全生命周期碳排放计算范围包括建材生产、建材运输、建造、运行和拆除等阶段产生的二氧化碳。将符合质量、造价或能耗准则之一的材料设备纳入碳排放测算范围；按质量、造价、耗能大小排序，累计质量、造价、能耗占总质量、总造价、总耗能的 80% 以上的建材、机械纳入计算范围。具体计算内容和计算深度如表 7-9 所示。

表 7-9　各阶段计算内容及深度

项目阶段	计算内容	计算深度	计算资料
建材生产阶段	建筑主体结构材料、围护结构材料、建筑构件和部品等	详细计算	广联达 BIM 算量软件导出工程量；广联达计价软件套定额，导出材料消耗量
建材运输阶段		简易计算	以建材生产阶段的 5% 计入
建造阶段	各分部分项工程完成施工过程，各项措施项目实施过程	详细计算	广联达 BIM 算量软件导出工程量；广联达计价软件套定额，导出机械消耗量
运行阶段	暖通空调、生活热水、照明及电梯、可再生能源、碳汇	模拟计算	依据施工图纸、建筑能耗分析报告等设计资料
拆除阶段	人工拆除、使用小型机具机械拆除的设备能耗碳排放	简易计算	以建筑全生命周期的 10% 计入

2. 建材生产和运输阶段

在得到上述装配式建筑的实际工程量清单后，可进行碳排放计算。其中，碳排放因子主要取自《建筑碳排放计算标准》GB/T 51366—2019 和东禾建筑碳排放因子库。在进入东禾建筑碳排放计算分析软件并新建项目后，即可选择项目所处阶段，随后进入设置建筑信息界面，如图 7-8 所示。

图 7-8　新建项目并选择所处阶段

（1）建材生产阶段碳排放

将提取的材料消耗量导入建材生产阶段，如图 7-9 所示。建材生产阶段碳排放计算包括主体结构材料、围护结构材料、构件和部品等。建材生产运输阶段碳排放数据取自本工程主要材料的消耗量，并根据碳排放系数法逐个匹配碳排放因子。最后，利用软件可对不同种类建材在生产阶段的碳排放进行汇总计算，并按照单项碳排放量大小排序取前 10 条列入表 7-10 中。

图 7-9　建材生产阶段各构件信息

表 7-10　建材生产阶段碳排放

序号	材料名称	规格型号	单位	数量	碳排放因子 [kgCO₂e/（单位数量）]	碳排放量 （tCO₂e）
1	抗裂砂浆粉料		m³	202211	146.000	29522.87
2	玻化微珠保温砂浆粉料		m³	118602	221.000	26211.11
3	散装水泥	42.5	kg	2174551	0.894	1944.05
4	铝合金型材	综合	kg	50946	20.920	1065.79

序号	材料名称	规格型号	单位	数量	碳排放因子 $[kgCO_2e/(单位数量)]$	碳排放量 (tCO_2e)
5	螺纹钢筋	HRB400，ϕ16	t	416	2.310	961.36
6	预拌泵送普通混凝土	C30（42.5）碎石 25mm	m³	3634	170.000	617.77
7	刚性阻燃管	De20	m	38480	11.385	438.09
8	镀锌电缆吊挂	3.0×50	t	174	2350.000	408.78
9	扣件		个·月	282869	1.381	390.64
10	轻质复合墙板（板厚 200mm）		个	437	705.832	308.50
合计						61868.96

注：表中数量列为取整数后的数据。

（2）建材运输阶段碳排放

装配式建筑建材运输阶段碳排放包含建材从生产地到施工现场整个运输过程。其中，运输阶段碳排放量以该项目生产阶段碳排放总量的 3% 计入，得出建材运输阶段碳排放量为 $2024.38tCO_2e$，碳排放强度为 $2.21kgCO_2e/（m^2·a）$，年均碳排量为 $40487.60kgCO_2e/a$。

3. 建造及拆除阶段

（1）建造阶段碳排放

装配式建筑建造阶段碳排放计算，主要取本工程主要施工机械类型的消耗量，如图 7-10 所示。利用东禾建筑碳排放计算分析软件进行汇总计算，并取前 10 条计入该项目所有建造内容产生的碳排量总和，如表 7-11 所示。

（2）拆除阶段碳排放

装配式建筑拆除阶段的碳排放量以该项目新建阶段碳排放总量的 10% 计入，得到拆除阶段的碳排放量为 $6747.95tCO_2e$，碳排放强度为 $7.61kgCO_2e/（m^2·a）$，年均碳排量为 $139594.80kgCO_2e/a$。

图 7-10　建造阶段碳排放计算

表 7-11　建造阶段碳排放

序号	建造类别	设备名称	单位	数量	碳排放因子 [kgCO₂e/（单位数量）]	碳排放量 （tCO₂e）
1	机	净干砂（机制砂）	台班	4347	22.600	98.26
2	能源	电	kW·h	100432	0.792	79.55
3	机	自升式塔式起重机	台·天	361	104.000	37.53
4	机	直流弧焊机	台班	267	94.540	25.27
5	机	载货汽车	台班	163	111.100	18.11
6	机	载货汽车	台班	135	118.600	16.00
7	机	对讲机	台班	195	65.000	12.67
8	机	汽车式起重机	台班	93	102.100	9.50
9	机	电焊机	台班	59	143.500	8.46
10	机	电动多级离心清水泵	台班	86	95.000	8.21
合计						313.56

注：表中数量列为取整数后的数据。

4. 运行阶段

装配式建筑运行阶段碳排放计算范围主要包括空调、生活热水、照明、电梯、可再生能源、碳汇系统，如图 7-11 所示。采用东禾建筑碳排放计算分析软件对装配式建筑运行阶段进行汇总计算，结果如表 7-12 所示。

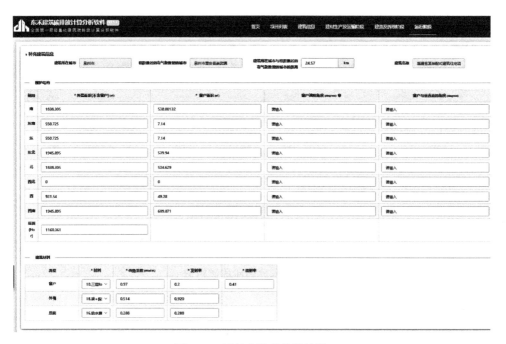

图 7-11　运行阶段碳排放计算

表 7-12　运行阶段碳排放

序号	类别	碳排放量（tCO$_2$e）	碳排放强度 $[kgCO_2/(m^2 \cdot a)]$
1	热水	42140.52	45.95
2	照明	32618.27	35.57
3	空调（供暖＋制冷）	25272.00	27.56
4	电梯	3968.41	4.33
5	新风	448.35	0.49
6	室内设备	21718.30	23.68
7	可再生能源（光伏＋风能）	0.00	0.00
8	碳汇	−358.40	−0.39

7.4.3　全生命周期碳排放分析

装配式建筑全生命周期各阶段碳排放总量如表7-13所示。全生命周期碳排放中，运行阶段碳排放量占比62.10%，建材生产及运输阶段碳排放量占比34.31%，建造及拆除阶段碳排放量占比3.59%。

表 7-13　全生命周期各阶段碳排放总量

活动阶段	碳排放来源	总碳排放量 （tCO₂e）	年均碳排放量 （kgCO₂e/a）	碳排放强度 [kgCO₂e/（m²·a）]	碳排量占比（%）
建材生产及运输	阶段合计	69503.83	1390076.60	75.8	34.31
	建材生产	67479.45	1349589.00	73.59	33.31
	建材运输	2024.38	40487.60	2.21	1.00
建造及拆除	阶段合计	7273.27	145465.40	7.93	3.59
	建造	293.53	5870.60	0.32	0.14
	拆除	6979.74	139594.80	7.61	3.45
建筑运行	阶段合计	125807.45	2516149.00	137.19	62.09
	热水	42140.52	842810.40	45.95	20.80
	照明	32618.27	652365.40	35.57	16.10
	空调	25272.00	505440.00	27.56	12.47
	电梯	3968.41	79368.20	4.33	1.96
	电新风	448.35	8967.00	0.49	0.22
	室内设备	21718.30	434366.00	23.68	10.72
	可再生能源	0.00	0.00	0.00	0.00
	碳汇	−358.40	−7168.00	−0.39	−0.18
合计		202584.55	4051691.00	220.92	100.00

第8章 装配式钢结构建筑绿色性能分析与优化

8.1 绿色建筑基础理论

8.1.1 基本概念

由于世界不同国家和地区在历史、文化、气候、建筑风格、经济和社会状况等方面存在差异，这使得不同国家对于绿色建筑的定义也有所区别。表 8-1 为国外主要国家（地区）对绿色建筑的定义。

表 8-1 国外主要国家/地区对绿色建筑的定义

国家/地区	提出方	定义
美国	世界绿色建筑委员会	绿色建筑是指在设计、施工或运营过程中减少或消除环境负面影响，并能对气候和自然环境产生积极影响的建筑
美国	美国国家环境保护局	绿色建筑是指在建筑的整个生命周期（从选址到设计、施工、运营、维护、翻新和拆除）中，创造环境负责、资源高效的结构和流程的实践
美国	美国绿色建筑委员	绿色建筑的规划、设计、施工和运营要考虑几个主要因素：能源使用、用水、室内环境质量、材料使用以及建筑对场地的影响
英国	建筑研究机构	绿色建筑是可持续的建筑类型，有助于保护自然资源，是一种更具吸引力的房地产投资
欧洲	欧盟委员会	可持续建筑在某种程度上有助于保护环境，且越来越多地延伸到居住者的效用上，包括在空间使用和空气质量方面
德国	德国可持续建筑委员会	可持续建筑意味着有意识地利用和引入现有资源，最大限度地减少能源消耗、保护环境

续表

国家/地区	提出方	定义
澳大利亚	澳大利亚绿色建筑委员会	绿色建筑融合了可持续发展的原则，既满足现在的需要，又不损害未来
日本	日本建筑学会	在全生命周期中，努力节省能源和资源，回收使用材料，并努力降低有害物质的排放量；需要与当地的气候、传统、文化以及周边环境保持和谐；有助于保持和提升人类的生活品质，同时也能在局部和全球范围内保持生态系统的容量
新加坡	可持续发展部际委员会	绿色建筑能够节能节水，室内环境优质健康，采用环保材料建造

我国现行《绿色建筑评价标准》GB/T 50378—2019 中对绿色建筑的定义为"在全寿命期内，节约资源、保护环境、减少污染，为人们提供健康、适用、高效的使用空间，最大限度地实现人与自然和谐共生的高质量建筑"。

绿色建筑与工业化水平或装配率较高的建筑有所差异。如果过分重视建筑的装配率，可能对建筑安全性能产生负面影响。绿色建筑设计时，应考虑建筑的可持续性和安全性，营造人与自然和谐相处的居住环境，并确保建筑在全生命周期中都保持绿色。

8.1.2　设计原则

绿色建筑设计应该遵循本土化、人性化、智慧化、长寿化、低碳化五个设计原则，如图 8-1 所示，具体包括：

（1）涵盖为建筑添加自然绿色元素，并在设计中融合建筑所在地的气候和文化特点。

（2）需更倾向从满足整体需求的视角出发，努力打造一个健康、舒适、自然、和谐的建筑环境，使人们有更多的人性化体验。

（3）利用信息技术的强大能力，有效提升建筑的功能性和服务水平，为日常生活和工作提供智能化便利。

（4）重视延长绿色建筑的使用寿命和提高其适应性，有效增加资源的使用寿命，并延长资源的使用期限。

（5）充分利用整个行业的集成创新能力，降低绿色建筑在全生命周期中所需资源和环境的低碳化趋势。

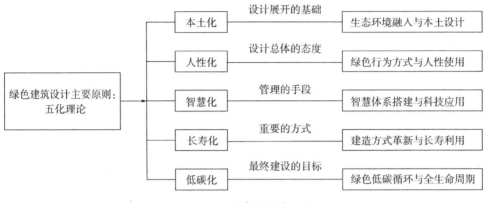

图 8-1　绿色建筑设计原则

8.1.3　评价标准

《绿色建筑评价标准》GB/T 50378—2019 中对绿色建筑的各项评价分值进行了详细规定，如表 8-2 所示。各指标需在项目完成后进行预评价，以及竣工后进行最终评价。

表 8-2　绿色建筑评价分值

	控制项基础分值 Q_0	评价指标评分项满分值					提高与创新加分项满分值 Q_A
		安全耐久 Q_1	健康舒适 Q_2	生活便利 Q_3	资源节约 Q_4	环境宜居 Q_5	
预评价分值	400	100	100	70	200	100	100
评价分值	400	100	100	100	200	100	100

绿色建筑评价总得分 Q 按下式进行计算：

$$Q = (Q_0 + Q_1 + Q_2 + Q_3 + Q_4 + Q_5 + Q_A)/10 \qquad （8-1）$$

绿色建筑可分为基本级、一星级、二星级、三星级。所有等级均应满足所有的控制项要求；一星级、二星级、三星级的每一类评分都不能低于满分值的 30%，并进行全装修。具体等级要求如表 8-3 所示。

表 8-3　绿色建筑的技术要求

技术要求内容	一星级	二星级	三星级
围护结构热工性能提高比例，或建筑供暖空调负荷降低比例	围护结构提高 5%，或负荷降低 5%	围护结构提高 10%，或负荷降低 10%	围护结构提高 20%，或负荷降低 15%
严寒和寒冷地区住宅建筑外窗传热系数降低比例	5%	10%	20%
节水器具用水效率等级	3 级	2 级	
住宅建筑隔声性能		室外与卧室之间、分户墙两侧卧室之间的空气声、隔声性能，以及卧室楼板的撞击声隔声性能，均需达到低标准限值和高要求标准限值的平均值	室外与卧室之间、分户墙两侧卧室之间的空气声隔声性能，以及卧室楼板的撞击声隔声性能，均需达到高要求标准限值的平均值
室内主要空气污染物浓度降低比例	10%	20%	
外窗气密性能	符合国家现行相关节能设计标准的规定，且外窗洞口与外窗本体的结合部位应严密		

注：1. 围护结构的热工性能提升标准，以及在严寒和寒冷地区住宅建筑的外窗传热系数降低标准，应符合国家当前相关建筑节能设计标准的规定；
2. 住宅建筑的隔声性能所对应的标准是现行国家标准《民用建筑隔声设计规范》GB 50118；
3. 室内的主要空气污染物涵盖氨、甲醛、苯、总挥发性有机物、氡和可吸入颗粒物等，这些污染物的浓度降低标准应符合现行国家标准《室内空气质量标准》GB/T 18883 的要求。

8.2　绿色性能分析与优化

8.2.1　基本内容

　　装配式钢结构建筑绿色性能评估主要包括能源消耗分析、采光分析、通风效果分析等方面。建筑能耗不仅包括规划设计、运营维护、拆除等全生命周期各阶段中能源的消耗，还包括建筑在使用过程中的能量消耗。建筑能耗模拟是一个复杂的过程且涉及变量众多。它主要利用计算机建立数学模型，并对建筑进行系统性表达模拟的过程，以及不断进行更新和调整。该模拟不仅可以全面了解建筑的整体能耗状况，还可以对影响建筑能耗的主要因素和影响程度进行详细分析。

通过对装配式钢结构建筑设计阶段的能耗模拟分析，可以从能耗源头改善建筑节能；对使用阶段的能耗模拟，可以为节能改造和运营管理提供参考。不同的地理环境和生活习惯也可能导致各种能源消耗存在较大的差异，尤其是供暖和空调能耗所占比例相对较高，模拟时还需同时包括供暖系统、空调系统、照明系统和生活用水系统等。另外，建筑性能优化时，由于设计需求的多样性，使得优化计算的关键指标存在差异。通过对建筑性能模拟，可使装配式钢结构建筑的能耗明显下降，也有助于降低成本，使装配式钢结构建筑更符合绿色建筑的基本要求。

8.2.2　主要方法

装配式钢结构建筑能耗分析的核心是对建筑的实际能量消耗进行深入计算与研究。在全生命周期中，装配式钢结构建筑的各阶段能耗有所差异，需分别进行分析。其中，初步阶段，装配式钢结构建筑能源消耗分析主要包括设计方案节能设计和建筑设备是否达标。施工过程中，装配式钢结构建筑能量消耗受到建筑施工和管理人员的主观影响，通常通过工程量数据来进行统计计算。运营阶段，装配式建筑能耗分析主要集中在各种用能设备的实际能耗数据进行统计分析。因此，通过对装配式建筑照明、空调等设备的能耗分析，可以更好地了解其能耗特性。装配式钢结构建筑的能量消耗计算方法主要包括静态估算法和动态模拟法。

（1）静态估算法。主要包括 BIN 法、度日法、满负荷系数法和有效传热系数法等。基于稳定的传热状况，计算装配式建筑在供暖或供暖期的热量消耗，并忽略外部围护结构对蓄热的影响。该方法计算简单，适合手工运算，但计算精度较低，仅适用于初步能量消耗估算。

（2）动态模拟法。主要包括房间的热平衡技术、房间的权重系数法、状态空间法以及谐波响应法等。以计算机模拟能耗为基础，深入分析能耗的各主要影响因素，并对建筑各部分和整体进行逐时能耗模拟，可得到全年逐时的能耗变化和能耗精准值，是未来计算装配式建筑能耗的重要方法。

8.3 BIM 技术在绿色性能中的应用

8.3.1 分析原理

1. 光环境分析

基于 BIM 模型的自然采光模拟，可以通过调整建筑布局、墙体材质、地面材质、屋面材质、窗户和幕墙可见光透射比等方法优化装配式建筑室内空间设计，进而增大建筑的自然采光面积和减少其能量消耗。装配式建筑在自然采光设计时，还应考虑室内视野率的模拟计算，改善使用者的视觉体验和舒适度，同时考虑室内采光均匀度和眩光计算，合理确定建筑开窗形式、开窗面积及人工照明。在相同照度条件下，自然光识别能力明显优于人工光识别能力，有助于保护视力和提高劳动效率，并营造优质的光环境，节省能源，增强环境保护等。

《绿色建筑评价标准》GB/T 50378—2019 中规定，装配式建筑的采光需求主要受采光系数标准值和采光系数达标率等因素的影响，具体表现为：

（1）采光系数定义

位于室内参考平上的某一点，直接或间接地接收来自天空亮度分布的漫射光所产生的照度，并与同一时刻该天空半球在室外无遮挡水平面上产生的漫射光照度的比值。采光系数的计算公式为：

$$C = \frac{E_n}{E_w} \times 100\% \qquad (8\text{-}2)$$

式中，E_n——室内照度；

E_w——室外照度。

（2）采光系数标准值

在装配式钢结构建筑规定的室外自然光照度条件下，需确保满足视觉功能需求的采光系数值。《建筑采光设计标准》GB 50033—2013 中规定，建筑采光系数的标准值与室内的天然光照度标准值都是基于参考平面的平均值确定的。在相同的室外天然光设计照度值条件下，只需满足采光系数的标准值，就可满足天然光的照度标准值。

173

（3）采光系数达标率

当房间的平均采光系数满足采光系数标准值时，达标率将达到 100%，并将所有达标面积纳入考虑。当达标率不满足要求时，按照采光系数从高到低的顺序对网格点进行排序，并且前 n 个网格点的算术平均值满足采光系数标准值时，达标率 f 等于 n 除以网格点总数。另外，将各主要功能房间的达标面积总和除以建筑主要功能房间的总面积，可得到单体建筑的达标率。

2. 风环境分析

装配式建筑的风环境分析主要包含室外风环境、室内自然通风和房间换气次数分析。

（1）室外风环境

装配式建筑及其附近建筑可能会对近地面风场布局产生一定的影响。通过对建筑室外风环境的模拟分析，可以提高建筑附近人行区域的舒适度及满足出行需求，并有助于为建筑物内部的自然通风和舒适性评估提供理论基础。装配式建筑在进行风环境流体力学模拟时，选择适当的湍流模型是至关重要的。目前，在风环境模拟时，常见的湍流模型如表 8-4 所示。

表 8-4　常见的湍流模型

常见的湍流模型	特点及适用工况
Standard k-ε 模型	简单的工业流场和热交换模拟，无较大压力梯度、分离、强曲率流，适用于初始参数研究、一般的建筑通风等
RNG k-ε 模型	适合包括快速应变的复杂剪切流、中等旋涡流动、局部转掠流，如边界层分离、钝体尾迹涡、房间通风、室外空气流动等
Realizable k-ε 模型	旋转流动、强逆压梯度的边界层流动、流动分离和二次流，类似于 RNG

（2）室内自然通风

装配式建筑室内自然通风是空气在充分风压差驱动下流动产生的，主要是建立在室外优良的通风条件和室内通风空间的合理布局上。如图 8-2 所示，当风吹向建筑物时，阻挡作用的出现会使建筑物的迎风侧产生正压效应；当气流绕到建筑侧面和背面时，会产生负压。另外，装配式建筑室内外的风压力差大小受建筑形式、建筑与风之间的夹角、建筑周围环境等因素的影响，在设计时需保证室内结构布局合理，以实现良好的通风效果，减小建筑的能耗。

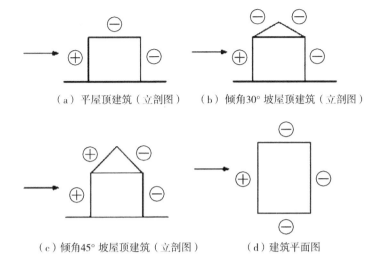

（a）平屋顶建筑（立剖图）　（b）倾角30°坡屋顶建筑（立剖图）

（c）倾角45°坡屋顶建筑（立剖图）　　（d）建筑平面图

图 8-2　建筑物在风压分布（⊕—附加压力为正；⊖—附加压力为负）

（3）房间换气次数分析

房间换气次数是影响装配式建筑室内风环境的重要因素之一。基于多区域网络方法的空气质量流量分析中，房间体积流量计算方法为：

$$Q = C_d A \sqrt{\frac{2\Delta P}{\rho}} \tag{8-3}$$

式中，C_d——流量系数，对于较大建筑洞口，取 0.5；对于狭窄洞口，取 0.65；

ΔP——气压差；

A——洞口面积；

ρ——空气密度。

在确定房间体积流量 Q 后，可得到房间换气次数 A_{cr} 为：

$$A_{cr} = \frac{Q \times 3600}{V} \tag{8-4}$$

式中，V——房间体积。

3. 声环境分析

（1）建筑隔声性能分析

声音主要包括空气声和撞击声，隔声主要包括空气声隔声和撞击声隔声。其中，空气声是指声源经过空气向四周传播的噪声；撞击声是指两物体相互撞击产生的噪声，并通过固体传播，如图 8-3 所示。例如，墙体、楼板和门窗等构件材料称为建筑隔声材料，具有较强的反射，使声波大大减小，并起到隔声作用。

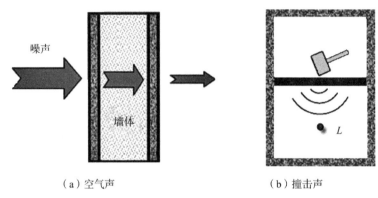

（a）空气声　　　　　　　　　　　　（b）撞击声

图 8-3　空气声和撞击声

1）空气声隔声

为了准确描述材料和构件的空气声隔声特性，通常使用隔声量 R 来衡量：

$$R = 10\lg\frac{1}{\tau} \tag{8-5}$$

式中，τ——构件的透射系数。

当装配式建筑中构件的透射系数增大时，会降低其隔声量，并导致隔声性能下降。具有高声阻、刚性和均质密实特性的围护结构中，材料的密实越大，则结构具有更好的隔声性能。

2）撞击声隔声

依据隔声质量的基本原则，楼板具有一定的隔绝空气噪声的功能，同时也会引起振动能量在装配式建筑中的传播。根据《声学　建筑和建筑构件隔声测量　第6部分：楼板撞击声隔声的实验室测量》GB/T 19889.6—2005 中的规定，楼板撞击声隔声性能可采用规范化撞击声压级 L_n 进行评价，计算公式为：

$$L_n = L_i + 10\lg\frac{A}{A_0} \tag{8-6}$$

式中，L_i——室内平均撞击声压级；

A——接受室内吸声量；

A_0——参考吸声量。

在进行撞击声隔声性能测量时，可使用标准撞击器撞击楼板。楼板下的房间所测得的声压级越低，表示楼板撞击声隔声性能越好。否则，楼板的撞击声隔声能力越弱，会引起结构越大的噪声。

（2）室外噪声模拟分析

《环境影响评价技术导则 声环境》HJ 2.4—2021 对声环境影响计算流程进行了详细说明。首先，建立一个坐标系，并确定各个声源的位置坐标和预测点的位置坐标。随后，根据声源特性和预测点与声源之间的距离等，对声源进行分类。最后，基于已有数据资料，计算噪声从各声源到预测点的声衰减量，并可以进一步得到各声源单独作用时，预测点产生的 A 声级（LA_i）和有效感觉噪声级（L_{EPN}）。

其中，装配式建筑声源在预测点产生的等效声级贡献值 L_{eqg} 计算方法为：

$$L_{eqg} = 10\lg\Big(\frac{1}{T}\sum_i t_i 10^{0.1LA_i} \Big) \tag{8-7}$$

式中，LA_i——i 声源在预测点产生的 A 声级；

　　　T——预测计算的时间段；

　　　t_i——i 声源在 T 时段内的运行时间。

预测点的预测等效声级 L_{eq} 计算方法：

$$L_{eq} = 10\lg(10^{0.1L_{eqg}} + 10^{0.1L_{eqb}}) \tag{8-8}$$

式中，L_{eqb}——预测点的背景值。

（3）室内噪声模拟分析

影响装配式建筑室内噪声的主要因素包括周边环境噪声源、室内声音源、建筑物自身隔声性能等。如图 8-4 所示，室内噪声具体表示为：周边环境噪声通过外部围护结构传递至室内，建筑内相邻房间设备通过内部围护结构传递至室内的噪声，以及房间内的噪声源。其中，室外环境噪声是通过外部围护结构传递到室内的，传递过程如下所述：

1）通过计算房间的吸声量和单面组合墙的隔声量，得到墙体有效隔声量，由此明确构件的加权隔声量和频谱修正量，以及外部围护结构将边界噪声传递至目标房间时的噪声声压级变化。

2）计算建筑内相邻房间的噪声传到室内的过程，与室外环境噪声传到室内的计算方法基本相同。

3）计算室内声源的噪声级别，并将目标房间内的所有噪声级进行叠加。通过将上述各部分噪声级叠加，可以得到室内的最终噪声级。

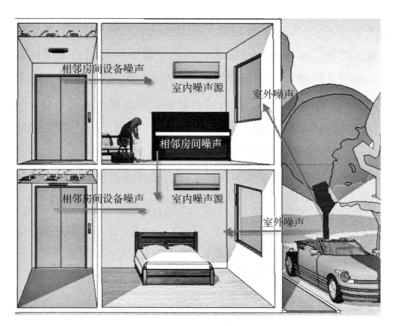

图 8-4　室内噪声声源传播示意图

4. 其他性能分析

（1）能耗分析

装配式建筑深化设计过程中，需将建筑的体型系数、朝向、窗墙比例、围护结构材料选择等影响因素输入 BIM 模型中，由此对建筑能耗进行深入分析。为了满足绿色建筑设计的节能标准，可以基于分析数据持续调整上述影响因素，以确保计算结果满足绿色建筑设计标准。此外，对装配式建筑进行能耗分析，还有助于节省能源、降低资源使用。

（2）碳排放分析

BIM 技术可以实现绿色建筑全生命周期内的碳排放测算。利用 BIM 模型，将各种建筑材料的消耗量与相应碳排放因子累加，准确计算出建筑材料在生产和运输过程中的碳排放量。随后，通过模拟绿色阶段的建设阶段，提出合适的机械和材料使用建议，并初步计算该阶段的碳排放数据。最后，绿色建筑在运营阶段的碳排放，主要通过碳排放因子和运营过程中的消耗关系，初步计算出建筑在整个运营过程中的碳排放量。

8.3.2　分析流程

将 BIM 技术用于装配式建筑绿色性能分析和优化中，可实现对绿色性能的精确评估。随着 BIM 分析软件不断完善，绿色建筑能源消耗的分析流程也大幅简化，分析精度明显提高。在对装配式建筑绿色性能和分析原理等进行深入分析后，可得到 BIM 技术在绿色性能分析和优化中的应用流程，如图 8-5 所示。

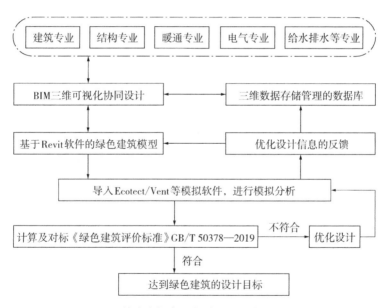

图 8-5　BIM 技术在绿色性能分析和优化中的应用流程

8.3.3　参数化设计

1. 基于 BIM 的参数化模型特点

（1）基于建筑对象的参数化模型。BIM 模型是基于具备物理属性的装配式建筑部件及相关参数构建的。建筑设计过程中，从点、线、面转变为三维的墙体和门窗等部件，并且各部件之间存在紧密联系。因此，采用基于 BIM 的建筑参数化建模方法可以使建筑设计变得更加清晰和直观。

（2）互动式编辑处理。BIM 模型是由建筑三维物理部件和相关部件的非物理特性共同组成的。各种与项目进度相关的信息，以及建筑设备的使用寿命、维护时长和材料强度等都被纳入 BIM 模型中。这有助于完善整个模型的数据结构，建立一个全面的建筑信息平台，由此包含建筑全生命周期中的所有信息，并提供可视化建筑信息模型。另外，BIM 参数化设计能够编辑和整理装配式建筑的各种信息，并将不同信息进行连接，且方便项目执行过程中的信息修改。

（3）模型数据库在实际应用中的使用。基于 BIM 技术的建筑设计过程中，各专业领域共享统一的数据库，且蕴含丰富的项目设计信息。施工阶段，BIM 模型数据库可以根据施工进度对各种构件提前进行预订，提高整个项目的执行效率；运维阶段，BIM 模型数据库可以为建筑的日常维护和节能改造提供信息支撑。

2. BIM 的参数化模型对建筑性能的分析

（1）当前对装配式建筑能耗分析的软件较多，但部分能耗分析软件与当前设计软件之间存在交互困难，由此增加计算难度。BIM 的参数化模型与能耗模拟软件之间具有良好的互动关系，可以简单有效地进行数据转换和提取，从而提高绿色建筑能耗计算效率和分析结果的客观性与准确性。

（2）全生命周期的能耗分析中，已经从原来仅限于设计阶段的模拟和运营阶段的监测，转向涵盖建筑全生命周期的能耗分析。BIM 参数化模型整合了建筑各阶段的信息，并能够实时更新和完善各种与建筑相关的信息，从而实现信息的共享，以及确保建筑能耗分析所需数据可以被准确获得。

（3）装配式建筑能耗分析时，不仅需要计算各种分析数据，还要全面考虑各种因素对整个建筑能源使用状况的影响，以确定最佳的建筑节能方案。BIM 参数化模型集成了建筑的整体信息，并能够全面分析建筑的能耗情况，为最终建筑的节能方法提供可靠支持。

8.3.4　施工方法

1. 基本内容

装配式钢结构绿色建筑将建造活动的全生命周期赋予绿色化，主要建造过程中的环境保护和资源节约，以及建造技术的进步和绿色建造文明的发展，使装配式钢结构建筑从粗放式建造方法跨越到现代文明建造发展。BIM 技术在装配式钢结构建筑全生命周期中起到积极作用，如表 8-5 所示。

表 8-5　BIM 技术在装配式建筑中的作用

决策阶段	设计阶段	施工阶段	运营阶段
	建模		
建筑策划 场地分析			
	性能化和参数化分析		
		可视化交流	
	多专业协调、精准化设计、 工程量统计		
		数字化制造、管线综合设计、 4D 施工模拟、5D 预算管理、 施工现场配合	
			运营信息集成、资产与空间 管理、系统优化分析
			灾害预警、建筑改造

装配式钢结构建筑在设计阶段完成后，需将构件进行拆分，随后根据图纸在工厂加工构件并运往现场进行安装，具有占地面积小、噪声小和污染小等优点。然而，如果设计图纸或工厂构件加工有误，会造成严重浪费，并影响施工进度。基于 BIM 的装配式建筑设计施工中，首先，通过构建三维数字模型的方式对工程施工全过程进行模拟，并及时调整各专业和不同阶段的误差，减少因设计图纸缺陷造成的资源浪费。其次，通过 Revit 三维模型转换成绿色建筑斯维尔模型，对使用阶段室内外温度和噪声等进行分析和优化。最后，分析装配式建筑性能，确定建筑的各项性能均能满足建筑节能的要求。

2. BIM 技术在前期规划中的应用

装配式钢结构建筑前期规划设计阶段，为实现绿色设计的目的，可基于 BIM 软件建立三维数字模型，并输入斯维尔节能设计软件中，分析不同环境对建筑的影响。在获得相关数据后，需结合工程所在地的气候和环境等条件对建筑形式进行优化，并制定合理的规划设计框架。

3. BIM 技术在方案设计中的应用

基于 BIM 技术在装配式建筑中的利用，可对其绿色性能进行高效模拟，有效发挥其绿色节能的优势，并大幅度减小设计阶段的错误率和误差等。BIM 技术在装配式建筑绿色节能应用中，主要包括：

（1）基于 BIM 技术可有效控制装配式建筑的户型面积，并通过标准化和模块化设计，对建筑的各户型和面积进行有效优化。在满足居住要求的同时，符合当前绿色环保的理念。

（2）BIM 建模软件与环境分析软件可保持密切联系，在对装配式建筑进行合理设计的同时，可使设计者全面了解建筑平面和具体户型的日照等情况，并由此对建筑的绿色性能进行优化设计，以发挥装配式建筑绿色节能功能。

4. BIM 技术在绿色节能中的应用

基于 BIM 技术的装配式建筑绿色节能研究，可使施工时有效把握建筑所需的各项资源，减少资源浪费。施工方可运用 BIM 技术生成工程量清单，为建筑绿色环保和资源控制提供依据，具体表现为：

（1）生成装配式建筑工程量清单。基于 BIM 技术，可建立装配式建筑三维数字模型和确定工程量清单，当项目变更后，工程量清单也会发生变化，具有非常高的同步性和可行性。BIM 模型构建时，需将各个构件以参数化和数字化形式输入模型中，设计人员可以对工程材料用量进行准确计算。

（2）统计施工现场分区的材料用量。传统的施工现场材料用量统计存在材料用量误差大、施工材料管理不精细、材料浪费大等缺点。运用 BIM 三维可视化手段，可通过观察的方式对施工过程中材料使用情况进行明确，从而为装配式建筑工程材料用量管理和控制提供有利条件。

8.4　案例分析

8.4.1　工程概况

选取某高校教学楼作为工程案例，该教学楼采用 6 层装配式建筑，总建筑面积约为 14691m²，高度为 26.30m，如图 8-6 所示。该项目所在地年均气温在 20℃左右，属于典型的季风气候区域。夏季以偏南风为主，风向从沿海向内陆地区逆时针旋转；冬季主要是偏北风盛行，风向顺时针旋转。

图 8-6　某装配式建筑教学楼效果图

8.4.2　模型的建立

1. BIM 模型

选用 Autodesk 公司的 Revit 软件建立 BIM 三维模型，主要步骤包括创建标高轴网、基础、柱子、梁、楼板、墙体、门窗、幕墙等内容的绘制。该装配式建筑的 BIM 模型如图 8-7 所示。

2. 基于 BIM 的绿色分析模型

基于 BIM 软件建立的三维模型，可直接导出适配绿色建筑斯维尔的分析模型，如图 8-8 所示。随后，通过定义楼层标高和墙体种类等信息，可将 BIM 模型与绿色分析软件进行转化。

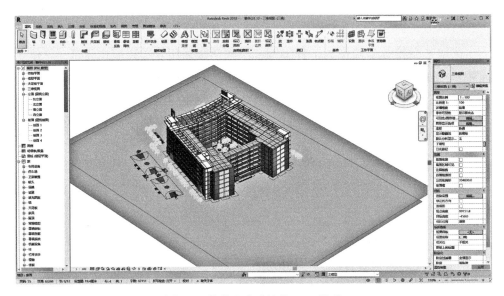

图 8-7　某装配式建筑的 BIM 模型

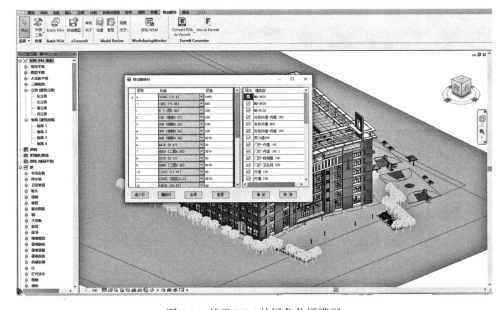

图 8-8　基于 BIM 的绿色分析模型

8.4.3　光环境的分析与优化

1. 天然光采光目标

装配式建筑内部光线环境可以对人们的精神状态、情感、学习和工作状态产生积极作用。优越的自然光照条件可以减少建筑的人工照明和降低建筑的能量消耗。通过对装配式教学楼的光环境分析，可改善教学楼内部的天然采光状况，确保优化后的室内光照环境满足《绿色建筑评价标准》GB/T 50378—2019 的规定。具体包括：

（1）公共建筑内部区域，达到采光标准的面积占比达到 60%。

（2）室内至少有 60% 的面积采光照度值达到 4h/d 采光要求。

（3）主要功能空间的采光系数不应低于 3.3%。

2. 采光分析

该装配式教学楼首层层高为 4.5m，二层层高为 3.9m，三至六层层高均为 3.6m。窗户为断热桥铝合金，传热系数为 2.5，窗玻璃透射比为 0.57，反射比为 0.08；顶棚和墙材料为白色水泥砂浆，反射比为 0.75；选用深色木地板，反射比为 0.1，工作面高度为 0.75m，忽略室内家具类设施的影响。由于该装配式教学楼可能存在室内光照条件不佳和能量消耗过高的问题，需对室内采光进行优化处理。

教学楼主要包括教室、办公室和实验室，各个房间均为侧窗采光方式。对于教学楼内部的光线环境，主要从以下方面进行分析：（1）模拟教学楼主要功能房间的采光系数；（2）模拟教学楼主要功能房间的照度值达标率；（3）模拟全年教学楼主要功能房间在动态采光条件下的平均采光时间。基于 BIM 模型转换至采光分析 DALI 软件中，建立该装配式教学楼的光环境计算模型，如图 8-9 所示。由于首层和二层、三层至五层的功能分别相同，故选择第二层、第三层进行光环境模拟分析。

基于对该装配式教学楼的模拟分析，可得到室内采光现状，如图 8-10 所示。其中，二、三层左侧实验室远离窗户一侧的区域面积较大，表明该区域的采光效率相对较低，分析是由于窗玻璃透射能力不足和房间纵深过大引起的。另外，二、三层靠近内廊一侧主要为浅绿色，表明大部分内廊的采光不足，主要是由于开窗面积较小和窗玻璃透射比较低引起的。另外，教学楼动态采光的平均时数为

5.4h/d，满足标准中对动态采光平均时数不低于 4h/d 的规定。

图 8-9　光环境计算模型

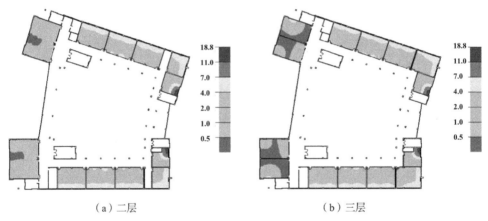

（a）二层　　　　　　　　　　　　　　　（b）三层

图 8-10　二层和三层室内采光分析图

3. 采光优化应用

通过对该装配式教学楼室内采光的模拟分析，可以发现该装配式建筑室内采光存在以下问题：仅有 7 个房间的采光系数满足不低于 3.3% 的标准，大部分主要功能房间的采光不足；室内照明标准达标率仅为 49%，小于 60% 的标准值要求。因此，可以采用以下措施进行采光优化：

（1）更换玻璃。将窗玻璃更换为透射比更高的玻璃，如双层 Low-E 玻璃、高透 6Low-E＋12A＋6C 玻璃，可提高室内采光系数和动态采光平均时间，并增加室内的透射比和自然光透射量。

（2）更换室内装饰材料。可将室内顶棚更换为反射比更大的白色乳胶漆，以及将地板更换为反射比更大的浅色木地板，以提高室内采光系数和动态采光平均时数，进而改善室内光环境。

在调整装配式教学楼的窗玻璃和室内装饰材料后，各楼板采光分析结果中，深蓝色和浅绿色的采光系数分布面积均有明显减小，如图 8-11 所示。这表明该教学楼进行采光优化后，室内的采光系数得到提升，室内采光系数未满足标准的房间数量从 19 个减少到 6 个，室内照度达标率从 49% 上升到 75.45%，室内面积的动态采光平均时间从 5.4h/d 增加到 8.0h/d，均呈明显增长趋势。

（a）二层　　　　　　　　　　　　　　　（b）三层

图 8-11　优化后二层和三层室内采光分析图

8.4.4　风环境的分析与优化

1. 评价标准

基于《绿色建筑评价标准》GB/T 50378—2019 和《绿色建筑设计标准》DB 11/938—2022 中对风速和风压的基本规定，可对该装配式建筑的室外风环境进行分析研究。其中，选取冬季工作环境研究建筑周边风场分布状况，具体规定为：

（1）靠近建筑物的人行区域在距离地面高度为 1.5m 的位置，风速小于 5m/s，且室外风速放大系数不超过 2。除第一排面对风的建筑外，其他建筑物的迎风面和背风面之间风压差异不超过 5Pa。

（2）装配式建筑设计阶段，必须对建筑布局进行合理管理，以避免冬季附近风速过高，防止行人在人行区域行走不舒适。项目分析过程中，需对建筑周边行人区域的风速及其放大系数进行深入分析。

2. 计算原理

（1）风场计算域

在计算装配式建筑室外风场前，需明确本项目参与计算风场的大小。本项目的风场主要包括一个围绕着建筑群的矩形或方形结构，如图 8-12 所示。鉴于各个季节风向的差异，为了更准确地描述本项目附近的风场特征，需采用冬季风向确定其风场计算域数据。

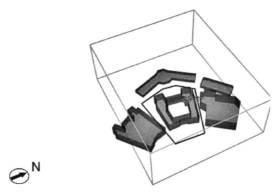

图 8-12　冬季工况风场计算域

（2）边界条件和湍流模型

图 8-13 为本项目计算域中风场边界类型，并采用《绿色建筑评价标准》GB/T 50378—2019 推荐的标准 $k\text{-}\varepsilon$ 湍流模型进行室外流场计算。

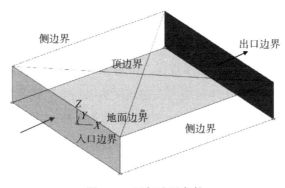

图 8-13　风场边界条件

3. 分析结果

（1）人行区和户外休息区风速分析

在冬季平均风速环境中，基于对该装配式建筑附近流场分布的模拟，绘制出距离地面 1.5m 的人行区和户外休息区风速云图，如图 8-14 所示。根据图表数据分析，人行区和户外休息区的风速均小于风速度上限值 5m/s，符合《绿色建筑评价标准》GB/T 50378—2019 的规定。

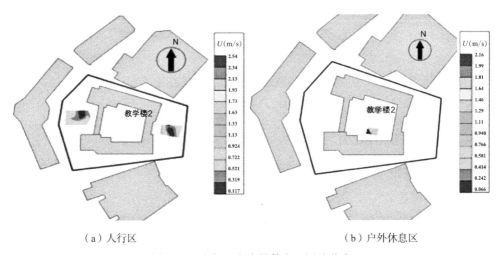

（a）人行区　　　　　　　　　　　　（b）户外休息区

图 8-14　人行区和户外休息区风速分布

（2）建筑迎风面和背风面风压分析

《绿色建筑评价标准》GB/T 50378—2019 明确规定，冬季建筑迎风面和背风面之间的风压差不应超过 5Pa，以避免迎风面与背风面间风压差异过大，从而防止冷风通过门窗缝隙渗透和增加室内热负荷。图 8-15 为装配式教学楼在迎风面和背风面的风压云图。其中，迎风面平均风压为 −3.83MPa，背风面平均风压为 −8.56MPa，迎风面和背风面的风压差值为 4.73MPa，符合《绿色建筑评价标准》GB/T 50378—2019 的要求。

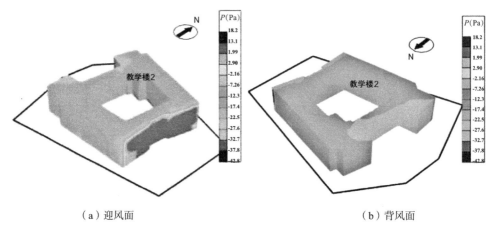

（a）迎风面   （b）背风面

图 8-15　迎风面和背风面的风压云图

8.4.5　声环境的分析与优化

1. 评价标准

声音环境是装配式建筑环境的重要组成部分。对室内外声音环境进行深入的评估分析和有效管理，可以为人们的日常生活和学习提供优质的环境。依据《声环境功能区划分技术规范》GB/T 15190—2014，可以按照对应声功能区的噪声限值进行评估，如表 8-6 所示。本项目属于公共建筑，需模拟场地在白天和夜晚的噪声水平，以及噪声敏感状况。

表 8-6　环境噪声限值

声环境功能区类别	时段［dB（A）］		适用范围
	昼间	夜间	
0 类	50	40	指康复疗养区等特别需要安静的区域
1 类	55	45	指以居民住宅、医疗卫生、文化教育、科研设计、行政办公为主要功能，需要保持安静的区域
2 类	60	50	指以商业金融、集市贸易为主要功能，或者居住、商业、工业混杂，需要维护住宅安静的区域
3 类	65	55	指以工业生产、仓储物流为主要功能，需要防止工业噪声对周围环境产生严重影响的区域

续表

声环境功能区类别		时段［dB（A）］		适用范围
		昼间	夜间	
4类	4a类	70	55	适用于高速公路、一级公路、二级公路、城市快速路、城市主干路、城市次干路、城市轨道交通、内河航道两侧一定距离之内，需要防止交通噪声对周围环境产生严重影响的区域
	4b类	70	60	适用于铁路干线两侧一定距离之内，需要防止交通噪声对周围环境产生严重影响的区域

2. 分析模型

该装配式教学楼的室外主要为公路，故交通产生的噪声是该装配式建筑噪声的主要来源。本项目涉及的公路噪声源如表8-7所示，具体车速和车流量根据项目实际需求设定。

表 8-7 公路噪声源

路段名称	路面材料	车道数量	时段	设计车速（km/h）	小型车辆（h）	中型车辆（h）	大型车辆（h）
公路	水泥混凝土	2	昼间	20	30	3	0
			夜间	30	10	0	0
公路	水泥混凝土	4	昼间	50	60	0	0
			夜间	60	30	0	0

依据该装配式教学楼的设计图和相关资料，构建了本项目室外声环境的分析模型，如图8-16所示。

3. 分析结果

（1）场地噪声分布

通过对该装配式教学楼的模拟计算，可以预测教学楼底轮廓线1.5m高度位置声压级和场地噪声的分布，如图8-17所示。图中黑色填充表示该建筑噪声至少有一项超过三类声功能区限值，浅灰色填充表示噪声小于或等于三类声功能区限值，而深灰色填充则表示噪声均低于或等于二类声功能区的噪声限值。

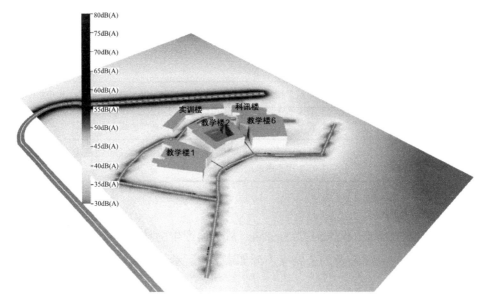

图 8-16　室外声环境模拟分析模型

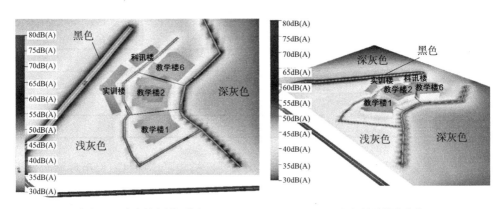

（a）1.5m 高度处声压级分布　　　　　　　（b）场地噪声分布

图 8-17　教学楼声压级分布和场地噪声分布图

（2）噪声敏感建筑的噪声分布

图 8-18 为教学楼附近区域 1.5m 高度处声压级平面和立面分布图，图中黑色填充代表噪声值达标。根据场地内建筑的噪声敏感分析可知，1.5m 高度沿线噪声最大值为 39dB，符合《声环境质量标准》GB 3096—2008 的噪声要求。

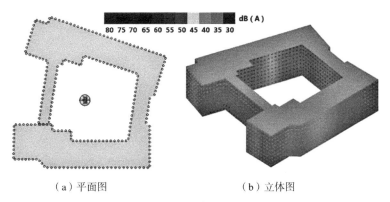

（a）平面图　　　　　　　　（b）立体图

图 8-18　教学楼附近区域 1.5m 高处声压级平面和立面分布图

参 考 文 献

［1］郭荣玲，刘焕波．装配式钢结构制作与施工［M］．北京：机械工业出版社，2021．

［2］马强永，王泽强．装配式钢结构建筑与 BIM 技术应用［M］．北京：中国建筑工业出版社，2019．

［3］郝际平，薛强．装配式钢结构建筑研究与进展［M］．北京：中国建筑工业出版社，2022．

［4］张鸣，纪颖波．装配式钢结构建筑与智能建造技术［M］．北京：中国建材工业出版社，2022．

［5］娄宇，王昌兴．装配式钢结构建筑的设计、制作与施工［M］．北京：机械工业出版社，2021．

［6］胡淑军，王湛．钢框架结构基于能量的塑性设计方法［J］．中南大学学报（自然科学版），2016，47（7）：2476-2484．

［7］胡淑军．偏心支撑钢框架的高等分析及基于性能的塑性设计方法研究［D］．广州：华南理工大学，2014．

［8］吕西林，武大洋，周颖．可恢复功能防震结构研究进展［J］．建筑结构学报，2019，40（2）：1-15．

［9］段留省，苏明周，郝麒麟，等．高强钢组合 K 形偏心支撑钢框架抗震性能试验研究［J］．建筑结构学报，2014，35（7）：18-25．

［10］Ji X D, Wang Y D, Ma Q F, et al. Cyclic behavior of very short steel shear links[J]. Journal of Structural Engineering, ASCE, 2016, 142(2): 04015114.

［11］张爱林，张艳霞，刘学春．震后可恢复功能的预应力钢结构体系研究展望［J］．北京工业大学学报，2013，39（4）：507-515．

［12］刘超，周志钢，房保华，等．非对称扩孔型螺栓连接力学性能试验研究［J］．工程抗震与加固改造，2022，44（6）：37-44．

［13］张波，胡淑军，曾思智，等. 扩孔螺栓连接型消能梁段的力学模型及参数研究［J］. 世界地震工程，2019，35（3）：73-82.

［14］Azad S K, Topkaya C. A review of research on steel eccentrically braced frames[J]. Journal of Constructional Steel Research, 2017, 128: 53-73.

［15］连鸣，苏明周，李慎. Y 形高强钢组合偏心支撑框架结构基于性能的塑性设计方法研究［J］. 工程力学，2017，34（5）：148-162.

［16］纪晓东，马琦峰，王彦栋，等. 钢连梁可更换消能梁段抗震性能试验研究［J］. 建筑结构学报，2014，35（6）：1-11.

［17］胡淑军，王雪飞，熊进刚，等. 带扩孔螺栓连接型消能梁段的 Y 形偏心支撑结构抗震性能研究［J］. 振动与冲击，2020，39（16）：205-213，230.

［18］胡淑军，熊进刚，宋固全. 一种新型扩孔螺栓连接型消能梁段及其力学性能［J］. 建筑钢结构进展，2018，20（6）：1-9.

［19］张波. 基于自复位耗能段的偏心支撑钢框架结构抗震性能研究［D］. 南昌：南昌大学，2023.

［20］王新武，高鑫，余永强，等. 3 层 K 型偏心支撑半刚性钢框架拟静力试验研究［J］. 河南大学学报（自然科学版），2020，50（4）：479-486.

［21］Kasai K, Popov E.P. A study of seismically resistant eccentrically braced frames[R]. Rep. No. UCB/EERC-86/01. Berkeley, CA: Earthquake Engineering Research Center, University of California at Berkeley, 1986.

［22］Okazaki T, Engelhardt M.D, Nakashima M, et al. Experimental performance of link-to-column connections in eccentrically braced frames[J]. Journal of Structural Engineering, 2006, 132(8):1201-1211.

［23］McDaniel C.C, Uang C.M, Seible F. Cyclic testing of built-up steel shear links for the new bay bridge[J]. Journal of Structural Engineering, ASCE, 2003, 129(6): 801-809.

［24］Richards P.W, Uang C.M. Testing protocol for short links in eccentrically braced frames[J]. Journal of Structural Engineering, ASCE, 2006, 132(8): 1183-1191.

［25］胡淑军，曾思智，熊进刚，等. 扩孔螺栓连接型消能梁段的耗能机理及设计方法研究［J］. 自然灾害学报，2019，28（5）：66-74.

［26］曾思智，张波，刘超，等. 短剪切型耗能段的力学性能试验研究［J］. 建筑科学，

2023，39（11）：72-81.

［27］Hu S.J, Wang Z. Practical advanced analysis for eccentrically braced frames[J]. Advanced Steel Construction, 2015, 11(1): 95-110.

［28］马人乐，杨阳，陈桥生，等. 长圆孔变型性高强螺栓节点抗震性能试验研究［J］. 建筑结构学报，2009，30（1）：101-106.

［29］胡淑军，王湛. 翼缘宽厚比对消能梁段性能的影响研究［J］. 中南大学学报（自然科学版），2015，46（9）：3405-3414.

［30］Liu X.G, Fan J.S, Liu Y.F, et al. Experimental research of replaceable Q345GJ steel shear links considering cyclic buckling and plastic overstrength[J]. Journal of Constructional Steel Research, 2017, 134: 160-179.

［31］Okazaki T, Ryu H.C, Engelarht M.D. Experimental study of local buckling, overstrength and fracture of links in EBFs[J]. Journal of Structural Engineering, ASCE, 2005; 131(10): 1526-1535.

［32］胡淑军，熊悦辰，王湛. 偏心支撑结构体系的研究进展及展望［J］. 建筑钢结构进展，2019，21（2）：1-14.

［33］胡淑军，王雪飞，熊进刚，等. 剪切型消能梁段超强系数的影响因素及规律分析［J］. 建筑结构，2020，50（21）：89-96.

［34］关彬林，连鸣，苏明周. Q235剪切型耗能梁段超强系数的建议［J］. 地震工程与工程振动，2020，40（3）：117-129.

［35］Hu S J, Zeng S Z, Xiong J G, Wang X F, Zhou Q, Xiong X F. Seismic analysis and evaluation of Y-shaped EBF with an innovative SSL-SSBC[J]. International Journal of Steel Structures, 2020, 20(3): 1026-1039.

［36］Clifton C, Bruneau M, MacRae G, et al. Steel structures damage from the Christchurch earthquake series of 2010 and 2011[J]. Bulletin of the New Zealand Society for Earthquake Engineering, 2011, 44(4): 297-318.

［37］Mansour N, Christopoulos C, Tremblay R. Experimental validation of replaceable shear links for eccentrically braced steel frames[J]. Journal of Structural Engineering, 2011, 137(10): 1141-1152.

［38］Gulec C K, Gibbons B, Chen A, et al. Damage states and fragility functions for link beams in eccentrically braced frames[J]. Journal of Constructional Steel Research, 2011, 67(9):1299-1309.

［39］Kanvinde A M, Marshall K S, Grilli D A, et al. Forensic analysis of link fractures in eccentrically braced frames during the February 2011 Christchurch earthquake: testing and simulation[J]. Journal of Structural Engineering, ASCE, 2014, 141(5), 04014146.

［40］Ioan A, Stratan A, Dubină D, et al. Experimental validation of re-centring capability of eccentrically braced frames with removable links[J]. Engineering Structures, 2016, 113: 335-346.

［41］胡淑军，熊进刚，王湛. 短剪切型消能梁段的力学性能及其影响因素研究［J］. 工程力学，2018，35（8）：144-153.

［42］胡淑军，宋固全，张波，等. 一种震后自复位的偏心支撑框架组合楼板及其施工方法［P］. ZL201610189767. 2.

［43］董志骞，李钢，刘一赫，等. 低延性中心支撑钢框架结构振动台试验［J］. 建筑结构学报，2020，41（6）：21-29.

［44］Zhao J X, Yan L J, Wang C, et al. Damage-control design and hybrid tests of a full-scale two-story buckling- restrained braced steel moment frame with sliding gusset connections[J]. Engineering Structures, 2023, 275:115263.

［45］靳天姣，王纯，于海丰，等. 主余震作用下钢框架—中心支撑结构抗震性能分析［J］. 地震工程与工程振动，2023，43（5）：204-212.

［46］崔瑶，张薇，王鑫，等. 不同梁柱节点构造形式对中心支撑框架抗震性能影响［J］. 建筑钢结构进展，2021，23（4）：1-8.

［47］熊二刚，祖坤，王婧，等. 自复位中心支撑钢框架结构抗震性能分析［J］. 世界地震工程，2020，36（3）：69-79.

［48］李春田，温小勇，陈志华，等. 模块化钢结构体系建筑产业化技术与示范综述［J］. 建筑钢结构进展，2023，25（1）：1-18.

［49］陈志华，刘洋，钟旭，等. 模块连接节点分析设计及其剪切性能试验研究［J］. 天津大学学报（自然科学与工程技术版），2019，52（S2）：9-15.

［50］戴骁蒙. 模块化钢结构插入自锁式节点抗震性能与设计方法研究［D］. 天津：天津大学，2021.

［51］俞洪良，杨正涵，徐铨彪，等．基于 DEMATEL-ISM 的水利工程 EPC 项目价值增值机理研究［J］．浙江大学学报（理学版），2024，51（1）：120-130.

［52］柯燕燕，朱小珍，彭东勤，等．全寿命周期视角下装配式建筑项目增量成本与增量收益研究［J］．建筑经济，2023，44（12）：41-46.

［53］王少媛．"双碳"背景下装配式建筑增量效益研究［D］．长春：吉林建筑大学，2023.

［54］林娜．基于 BIM 装配式建筑的全过程造价管理策略［J］．中国招标，2022（3）：100-101.

［55］傅小珠．基于 BIM 技术的 EPC 模式装配式建筑增量成本及效益评价研究［D］．南昌：南昌大学，2024.

［56］董继伟．装配式建筑全寿命周期成本效益分析研究［D］．北京：北京交通大学，2020.

［57］崔卫锋，朱婷婷．装配式建筑工程的 EPC 模式成本效益分析［J］．价值工程，2023，42（35）：8-10.

［58］王广明，文林峰，刘美霞，等．装配式混凝土建筑增量成本与节能减排效益分析及政策建议［J］．建设科技，2018（16）：141-146.

［59］袁琼．绿色建筑全生命周期增量成本和效益分析［D］．长沙：长沙理工大学，2019.

［60］陆荣秀，卿科，谭宇昂，等．开发商视角下的装配式建筑发展的主要问题和应对策略［J］．建筑结构，2021，51（S2）：1134-1138.

［61］叶浩文，李张苗，刘程炜．装配式建筑 EPC 总承包项目管理原则及实施建议［J］．施工技术，2020，49（5）：128-131.

［62］梁献超，王大伟，戴军等．EPC 模式下装配式建筑项目成本管控研究——以某保障房项目为例［J］．建筑经济，2021，42（11）：56-60.

［63］刘燕平，王作文，蒲万丽．基于组合赋权—证据理论—模糊综合评价法的 EPC 模式下装配式建筑工程成本风险评价［J］．科学技术与工程，2022，22（11）：4562-4571.

［64］邢超雲．基于全生命期的 BIM 技术在装配式建筑中应用研究［D］．合肥：安徽建筑大学，2023.

［65］黄丽芬．基于 BIM 的装配式建筑全生命周期碳排放测算研究［D］．南昌：南昌大

学，2024.

［66］陈露. 住宅建筑全生命周期碳排放测算及减排策略研究［D］. 沈阳：沈阳建筑大
学，2021.

［67］刘露. BIM 技术在装配式建筑工程全生命周期中的应用研究［D］. 济南：山东建
筑大学，2022.

［68］宋燕舞. BIM 技术在工程项目建设全过程中的应用［J］. 中国勘察设计，2021（6）：
79-81.

［69］刘珊. 基于 BIM 的装配式住宅物化阶段碳排放计量研究［D］. 深圳：深圳大学，
2020.

［70］王幼松，杨馨，闫辉. 基于全生命周期的建筑碳排放测算——以广州某校园办公楼
改扩建项目为例［J］. 工程管理学报，2017，31（3）：19-24.

［71］于萍，陈效逑，马禄义. 住宅建筑生命周期碳排放研究综述［J］. 建筑科学，
2011，27（4）：9-12，35.

［72］Gerilla G, Bonamente E, Cotana F. Carbon and energy footprints of prefabricated
industrial buildings: a systematic life cycle assessment analysis[J]. Energies, 2015, 8(11)
12685-12701.

［73］胡然雄. 装配式建筑物化阶段碳排放测算研究［D］. 广州：广州大学，2023.

［74］赵振宇. BIM 技术在某综合体工程施工中的应用研究［D］. 西安：西安理工大学，
2021.

［75］孙艳丽，刘娟，夏宝晖. 预制装配式建筑物化阶段碳排放评价研究［J］. 沈阳建筑
大学学报（自然科学版），2018，34（5）：881-888.

［76］彭瑶. 夏热冬冷地区办公建筑窗户采光性能对建筑综合能耗的影响研究［D］. 武
汉：武汉理工大学，2015.

［77］刘长城. 基于 BIM 理论的建筑能耗评估和分析［D］. 合肥：安徽建筑大学，2013.

［78］孙绍雨. 基于 BIM 技术的绿色建筑环境分析研究［D］. 青岛：山东科技大学，
2021.

［79］袁园. BIM 在预制装配式建筑住宅设计中绿色节能的应用分析［J］. 建筑技术开发，
2021，48（6）：147-149.

［80］赖华山. 基于 BIM 技术的装配式建筑绿色性能分析与优化研究［D］. 南昌：南昌

大学，2024.

［81］葛广洲. BIM 技术在预制装配式建筑施工中的应用［J］. 住宅与房地产，2020（18）：194.

［82］廖礼平. 绿色装配式建筑发展现状及策略［J］. 企业经济，2019，38（12）：139-146.

［83］韩良君，叶彬，周凯，等. 装配式建筑产业园建造模式的创新型实践［J］. 住宅与房地产，2018（29）：45-48.

［84］李昕懿，刘俊，黄浩，等. 基于 BIM 技术的绿色建筑评价研究［J］. 土木建筑工程信息技术，2023，15（5）：29-35.